普通高等教育应用型本科精品创新教材

园林艺术原理

王力 张颖 杨雨 主编

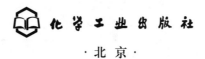

化学工业出版社

·北京·

内容简介

本书融合新知识，从园林艺术、园林美、世界园林艺术特征与审美、园林造景艺术与美感创造、园林要素艺术处理、园林空间设计、园林意境的营造、园林艺术赏析等八个方面进行编写，适时融入生态园林理念和新农科等元素，便于读者接受新知识、打开新思路。

在本书内容中，加入了宿迁市经典园林案例并进行了详细讲解，可使读者将所学知识与实践紧密结合，有利于培养应用型人才。

本书可供园林从业者、高等院校园林专业师生阅读使用。

图书在版编目（CIP）数据

园林艺术原理 / 王力，张颖，杨雨主编 . 一北京：
化学工业出版社，2024.6
ISBN 978-7-122-45437-9

Ⅰ.①园⋯ Ⅱ.①王⋯②张⋯③杨⋯ Ⅲ.①园林艺术-高等学校-教材 Ⅳ.①TU986.1

中国国家版本馆 CIP 数据核字（2024）第 074284 号

责任编辑：张林爽   文字编辑：蒋 潇 李娇娇
责任校对：宋 夏   装帧设计：韩 飞

出版发行：化学工业出版社（北京市东城区青年湖南街 13 号 邮政编码 100011）
印 装：三河市双峰印刷装订有限公司
787mm×1092mm 1/16 印张 12¾ 字数 260 千字 2024 年 7 月北京第 1 版第 1 次印刷

购书咨询：010-64518888   售后服务：010-64518899
网 址：http://www.cip.com.cn
凡购买本书，如有缺损质量问题，本社销售中心负责调换。

《园林艺术原理》
编写人员

———————

主　编： 王　力（宿迁学院）

张　颖（宿迁学院）

杨　雨（宿迁学院）

副主编： 周力行（宿迁学院）

徐　倩（江苏苏北花卉股份有限公司）

参　编： 乔永旭（宿迁学院）

张永平（宿迁学院）

张惠敏（宿迁学院）

张　楠（宿迁学院）

张丽华（宿迁学院）

丰子健（宿迁学院）

胡迎春（宿迁市古黄河公园管理服务中心）

审　稿： 蒋亚华（宿迁学院）

前言

我国园林发展历史悠久，起源于殷商时代的囿、圃和台，成长于秦汉，转折于魏晋南北朝，隋唐时代达到全盛期，宋至清逐步进入成熟期。园林，指在一定的地域运用工程技术和艺术手段，通过改造地形（或进一步筑山、叠石、理水）、种植树木花草、营造建筑和布置园路等途径创作而成的美的自然环境和游憩境域。

随着社会的进步和经济的发展，园林艺术的相关知识和技术手段已经发生了较大的变化。本书结合专业需求自编教学参考，力求普及新的园林设计理念和探索新的教学方法。

本书融合新知识，从园林艺术、园林美、世界园林艺术特征与审美、园林造景艺术与美感创造、园林要素艺术处理、园林空间设计、园林意境的营造、园林艺术赏析等八个方面进行编写，适时融入生态园林理念和新农科等元素，便于学生们接受新知识、打开新思路。本书在充实园林专业知识基础上，将江苏省宿迁市周边的优秀设计作品植入课本中进行详细讲解，让学生将所学知识与实践紧密结合，有利于培养应用型人才。

参与编写的人员由宿迁学院教授园林艺术原理课程的教师和从事设计行业多年的企业工程师组成。具体分工如下：内容简介、前言、第一章、第二章由王力编写，第三章、第四章由张颖编写，第五章、第七章由周力行编写，第六章、第八章由杨雨编写，其中第八章中部分涉及宿迁的案例由徐倩提供。

感谢参与审稿和修订的教师蒋亚华、乔永旭、张永平、张惠敏、张楠、张丽华及研究生丰子健的辛勤工作。由于编写时间较为仓促，望各位读者多提宝贵意见。

编　者

目录

扫码获取第一章彩图

第一章
园林艺术

【本章概要】本章主要介绍园林、园林艺术的概念及范畴；园林艺术与中国诗画、书法等相关艺术的联系等相关知识。

【课程思政】通过介绍园林在生态文明、精神文明中的作用和古典园林特征，体现文化自信。从大量的中国传统园林文献中，汲取中国传统园林文化的丰富营养，培养学生对园林设计的兴趣。

第一节　园林与园林艺术

一、园林概述

园林，即在一定的地域运用工程技术和艺术手段，通过改造地形、种植树木花草、营造建筑和布置园路等途径创作而成的自然环境和游憩境域。园林的应用非常广泛，类型也多样，主要包括庭园、宅园、小游园、公园、植物园、动物园等，而且随着园林领域的开发，它的种类和功能也愈来愈多，逐步形成了森林公园、广场、街头绿地、风景名胜区、自然保护区，以及各种公园的游览区和疗养点等更多园林类型。

园林的起源较为久远，历史也非常之绵长。我国园林起源于殷商时代，古往今来，发展与衰退并存，其内容饱满丰富，风格独树一帜。以往按照不同的性质分别称为园、囿、苑、园亭、庭园、园池、山池、池馆、别业、小村落等，同样的在其他各国语言中也有众多表述。在不同的国家，它们具有不同的称呼与功能，规模大小也存在差异，但它们都具备一个共同之处——造园，即将一个兼具观赏功能、游憩功能、居住功能的环境呈现给人们。

历朝各代的各种私家园林所表现的内容与特色都有一个共同不变的主旨，就是对自然美的追求与表现。随着时代的发展，所展现的自然美从浅拙到精邃，审美观从粗放、华丽到深远、清幽，欣赏的方式从外向到内心的直觉感悟，逐渐形成了中国园林在表现自然美中寄托情怀的传统特色，这于中国，乃至于世界，都是一份瑰宝。

园林是人工创造的，主要作为一种为人们提供愉悦心情的物质环境而存在。除表现自然山水景色外，还有很多与生活息息相关的建筑，如供园主宴饮的厅堂（图1-1-1）、读书吟诗的轩室（图1-1-2）、观赏园景和小憩的亭榭楼阁（图1-1-3）等。明清时期的园林，园内已经具备密度相当大的建筑物，园林建筑工艺到达了鼎盛，所有厅堂馆榭都和人工建造的山林风光巧妙地结合在一起，给人以取法自然山水景色之感。有相当规模的，如皇家园林等，它能够展示出自然山水的壮阔美感，人可以在此登高、泛舟、往游于林间花际。而规模比较小的，虽然可能只是一泓池水，几个峰石，甚至几竿修竹，但人同样也能够在清澈的池水、长有青苔的山石和苍翠的竹叶之间，体会大自然的清新韵味，并由此产生无尽的思考，把个人情感寄托在山水之间。

图1-1-1　拙政园远香堂　◀

▶ 图 1-1-2　拙政园与谁同坐轩

▶ 图 1-1-3　网师园濯缨水阁

二、园林艺术概述

园林艺术是一种空间造型艺术，其中的山石、湖泉、花草树木、亭廊楼阁等所有类型的空间美术形象都应该在特定的空间领域中产生、表现，其所研究的是园林风景空间创作的理论与方法。园林艺术是园林升华到艺术境界时的称呼。园林艺术具有多种艺术组合，例如建筑附近的园林布置，真山真水抑或是假山假水，都是在着意设计下筑造的，表现了造园家对自然山水的感受（图1-1-4），在自然界中有时是寻不到的。园林艺术风格由园林建筑风格、装饰风格、空间构图风格以及植物景观风格等共同构成，在园林设计中起着至关重要的作用，具有表现地区历史文化、地方特色和民俗风情的园林艺术特点和时代特征。

图1-1-4 日本京都寺庙园林的枯山水 ◀

中国园林建设讲究师法自然的造园技巧。如分割空间，融于自然；用树木花草来体现自然；山环水抱，蜿蜒迂回，顺应自然，寻求人与自然的融合（图1-1-5）。中国造园家追寻的是人的自身审美、心境与自然界的融会贯通。在魏晋南北朝时期，中国园林的审美观大体形成。此时期,在意识形态和社会文化方面,已经较以往有了较大程度的改变,士人逐渐从儒家传统学派的禁锢中解放了出来,逐渐开始追求自我,张扬个性。在此背景下,士大夫阶级逐渐开始寄情山水之间,将自己的情感抒发于山河湖海所蕴含的自然之美中。从中国园林所表现出来的形式与呈现的风格来看,可以将其归为自然山水园,但其内容与形式并非对自然拙劣的模仿与重现,而是将自然美透彻领悟后,对其进行归纳与总结,从人的自我观照中获得自然山水之美,从而使得园林艺术源于自然而又高于自然。明明是人工造山、造水、造园,却能借助花鸟虫鱼、奇山瘦水,营造出"宛若天开,浑如天居"的理想境界。这种设计的目的是顺应自然并加倍深入地表达自己的情感。亭台轩榭的布置很有考究,在总体的布局上绝不讲究对称。注重假山与沼泽之间的配合布局,将自然之美、天然之趣融于假山的层叠,给人以真山的错觉;沼泽大多引用活水,以活水之生趣润色沼泽。花草树木之间的相互衬托也颇有讲究,其间的映衬以"着眼在画意"为基调,讲究近景远景的层次,并将花墙和廊子巧妙地运用到园林中,使得园林层次多元,美景幽深。于游览者而言,景色并非一览无遗地尽收眼底,而是逐次展露,令游览者享受移步换景之趣,也令其获得的审美享受更为悠长。

中国园林将自然之美展现得淋漓尽致,使游人将人与自然的亲近和交融尽收眼底。

▶ 图 1-1-5 拙政园鸟瞰

我国园林讲求"三境"，即生境、画境与意境。所谓生境，便是自然的美感，通过将园林元素恰当地组合，使之具备高度艺术化的自然美，进而形成虽为人作却宛如天成的境地。而所谓画境，即是艺术美，古往今来，公园建设的主导理念便是利用诗情画意，并以其灵活、开放、不拘一格的特性加以设计。所谓意境，就是理想美，它包含着寄托在园林中的理想或内涵，其表达形式多样，包括构景、命名、雕刻、楹联、题额和花木等（图 1-1-6）。

在历史文化的发展过程中，我国古代所推行的"妙极自然""宛自天开"等自然山水园理念，其创作实践的成效对世界造园艺术发展形成了巨大的影响。唐、宋时期，中国造园技术便已流传到韩国、日本等地。18 世纪著名的造园家威廉·康伯将我国自然式山水园林之理论传播到英国，我国园林艺术顺应自然的设计手法，在欧洲广为传播。

图 1-1-6　杭州九溪林海亭　◀

第二节 园林艺术与其他艺术

一、中国诗画与园林艺术

我国园林艺术根植于儒家文化深厚的土壤中，因此同传统的文化、艺术难以分割。园林艺术这一概念的渊源可以被追溯到中国东晋至唐宋时期。当时以崇尚自然为文艺潮流，从而出现了山水画、山水诗以及山水游记等自然创作。而景观创作也随之出现了变化，设计基础从建筑转化为自然风景；艺术风格从奇特绮丽转为体现自然兼具人文精神的园林设计，而园林艺术也逐渐有所体现。在东晋时，简文帝入华林园后对随从说"会心处不必在远，翳然林水，便自有濠濮间想也"，这是对园林环境有所感受的典型例证（图1-2-1）。

▶ 图1-2-1 中国文人画与园林

文学以表达含蓄美为主，让人们产生无限遐想，这种境界也正是园林所要追求的。在表达思想与情感方面，由于园林中的各种造园因素通常具有特定的限制性，人们无法直抒胸臆地把自然景色的丰富内容传达给游览者，所以，通常可以用楹联、题匾、石刻等文创性物体作为载体，来表现园林的精神内容和审美情趣。如苏州沧浪亭的"清风明月本无价，近水远山皆有情"，拙政园梧竹幽居的"爽借清风明借月，动观流水静观山"等楹联。

唐代的著名诗人张祜在《题杭州孤山寺》中说道："楼台耸碧岑，一径入湖心。不雨山长润，无云水自阴。断桥荒藓涩，空院落花深。犹忆西窗月，钟声在北林。"断桥荒藓涩，这句诗所描写的是一座充斥着斑驳苔藓的古老断桥，在一场大雪后，堆积在石桥上的残雪还没有完全消除，给人残山剩水的荒凉感受，形成了这西湖上的一道独特的风景线——断桥残雪。

东晋大诗人陶渊明在《归去来兮辞》中更是描摹了其居住环境的清幽："三径就荒，松菊犹存""云无心以出岫，鸟倦飞而知还。景翳翳以将入，抚孤松而盘桓""既窈窕以寻壑，亦崎岖而经丘。木欣欣以向荣，泉涓涓而始流"等。实际上这既是园林的写照，也是陶渊明借由对自己居住环境的描绘表达情感，同时也给后人留下一种园林艺术的参考与借鉴（图 1-2-2）。

图 1-2-2　陶渊明故居 ◀

二、中国书法与园林艺术

　　书法艺术，作为一种在园林中起到装饰作用、美学效果的艺术，常见于墙上的碑石、柱上的楹联、屋檐下的匾额，这些不同形式的书法艺术都使中国的园林景观在艺术审美境界上更上了一个台阶（图1-2-3）。书法作为一种视觉艺术，使得园林景观的观赏性大大提升。在中国书法中，无论是籀文的古拙自然、秦篆的舒长圆挺，抑或楷书的高昂端劲、行草书的流转洒脱，都有着自己独特的艺术情趣。应根据中国书法在园林中的表现，视环境不同而有所选择，在网师园"撷秀楼"的牌匾上，以篆隶文字尽显中国园林的古雅拙朴。还有的直接利用书法汉字作为主要形体造景，如兰亭"曲水流觞"中弯曲的流水槽，便是取自"龙、寿、永"等字连笔书法的字体形状，增加了园林景观的观赏性。

▶ 图1-2-3　园林中的书法

作为一种语言符号，书法能深化园林景观的内涵。采用书法艺术是表达园林主人品格理想、增添园林环境文化氛围的重要手段，书法是园林中不可或缺的精神性建构要素。一座小园中，几处题名，数副联语，便使书卷之气盎然可掬。园林中斋馆厅堂的匾额题名，或取材于著名诗文，或以典明志，皆表达了文人隐逸、中庸、知足常乐、愉悦畅意的心态，涵括了园主的思想观念、人生态度与生活情趣。如网师园的"渔隐"，留园的"长留天地间"，退思园的"种树者必培其根"（图1-2-4）等，表明了园主们超脱于功利的束缚，一洗尘俗，同宇宙共存的精神。这些墨雅书香流传至今，可慰藉今人的思古之情。

图1-2-4　退思园匾额 ◀

书法艺术还能极大地丰富园林景观的意境，给予人心灵的触动，引人深思、联想，把从属于审美意识的主观、客观对象联系在一起，使情景交融。拙政园的留听阁依水而建，其中，"留听"二字取自李商隐的"秋阴不散霜飞晚，留得枯荷听雨声"。在萧瑟的秋日，如丝的秋雨淅淅沥沥，似"大珠小珠落玉盘"。这美妙的景致，如果没有行笔圆转、线条匀净的"留听阁"三字，怎能让人产生雨打枯荷、阶前听雨那样身临其境的感觉？又怎能让人产生物我同化的意境呢？

园林将自然山水浓缩于咫尺之间，加入书法艺术使本就深邃优美的园林景观意境更加隽永深长。书法对于园林景观而言并不仅仅是一种符号和典雅的建筑物装饰品，更是对于美景外表和艺术境界的一种审美方面的概括和高度升华。

三、时空艺术与园林艺术

在《论语》中，孔子所说的"逝者如斯夫，不舍昼夜"讲述了水在"时间"方面的含义，而在《道德经》中，老子所写的"埏埴以为器，当其无，有器之用；凿户牖以为室，当其无，有室之用"，对于空间的概念有了一定的诠释。时间与空间本无形，因取象于物而被赋予了形态，"水"川流不息、源源不止，由此成为时间的象征，"山"层峦叠嶂、高耸幽深，可以作为空间的代表。空间中的转移不能脱离时间的延续而单独存在，时间也会不停地在空间中流逝，对于山水的观望同样也体现出了对于时空的观望。"采菊东篱下，悠然见南山"，"见"作为点睛之笔点明了"空间"的寓意，而"山"与"诗人"则展现了空间中的"彼"与"此"，这种"彼此"展现出一种忘我的出神境界。由此可见，自然的物与人合为一体，展现了典型的时空观。

（一）山水时空

山作为一种固体而存在，高耸入云，巍然屹立，包容万物，重峦叠嶂，向人们展示了高深而多变的空间构成形态。山谷、山脊、盆地、洞穴等由山体组成的空间，或巍峨陡峭，或妩媚秀丽，为客体"人"提供了一定的空间用于观望、栖居和行走等活动。山与人互为彼此之主客，相互予以观照。人可在山体中表达对空间的无穷想象。

水作为一种流动形态的物体，从古至今都在园林中发挥着至关重要的作用。流水之形态随着山体起伏而变化万千：溪流瀑布，深潭浅池，江河湖海，均能以"点、线、面"的形式铺陈开来，无往而不至。水因势而动，随山势的变化而变化，无一时停息，表达时间的无所止息。

（二）全景时空

园林中通过给游客一个单线条、全景式的周游过程，使参观者形成"横看成岭侧成峰，远近高低各不同"的空间感受，这是山水画全景散点的表现，立体地呈现了山水景观之中。园林，是将山水诗画以立体的形式呈现出来。在园林间的漫步，恰似在观赏着一幅气韵流转的大尺幅书画。

【本章知识结构图】

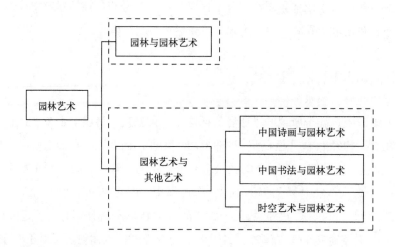

【课程思政教学案例】

1. 思政元素

文化自信。从中国传统园林相关文献中学习并传承传统园林文化的精华。

2. 案例介绍

在中国历史上，无数文人用各种诗词歌赋记录和描述了皇家园林、文人园林、寺观园林的精美、精妙，这些文字描述有的形象细腻、栩栩如生，有的缜密清晰、富含哲理，但不论哪种描述都是对中国特有的园林文化深刻内涵的高度概括，这些诗词歌赋都是园林设计基础课程思政的重要元素。

例如，教师在讲解造园要素搭配时，引入清代张潮《幽梦影》中的"梅边之石宜古，松下之石宜拙，竹傍之石宜瘦，盆内之石宜巧"，可指导学生学习植物与石材搭配的技巧。又如，教师在讲解庭院设计时，可引入宋代黄公度《满庭芳•一径叉分》中的"一径叉分，三亭鼎峙，小园别是清幽。曲阑低槛，春色四时留。怪石参差卧虎，长松偃蹇擎虬"。类似的诗词都可以作为引入案例与学生一同分析、分享。

中国古代与园林相关的主要著作有《园冶》《长物志》《闲情偶寄》等，这些著作各有侧重点，其中，《园冶》是古代造园专著，作为园林技术专业的学生更应熟知。书中"梧阴匝地，槐荫当庭；插柳沿堤，栽梅绕屋"生动描写了园林植物栽植形式；"开土堆山，沿池驳岸。曲曲一湾柳月，濯魄清波；遥遥十里荷风，递香幽室"则展现了古典园林经典的布局。这些优美的文字，很容易使学生产生共鸣，被文字所描述的情景和氛围感染。教师进行教学时可要求学生绘制还原这些景象，从而加深学生对造园手法的理解，激发其创作灵感。

【练习题】

1. 名词解释

园林；园林艺术。

2. 问答题

请尝试分析以下文字体现的园林艺术之美。

春

晨起点梅花汤，课奚奴洒扫曲房花径。阅花历，护阶苔，禺中取蔷薇露浣手，薰玉
蕤香，读赤文绿字。晌午采笋蕨，供胡麻，汲泉试新茗。午后乘款马。执剪水鞭，携斗
酒双柑，往听黄鹂。日晡，坐柳风前，裂五色笺，任意吟咏。薄暮绕径，指园丁理花、
饲鹤、种鱼。

夏

晨起芰荷为衣，傍花枝吸露润肺，教鹦鹉诗词。禺中随意阅老、庄数页，或展法帖
临池。晌午脱巾石壁，据匡床，与忘形友谈《齐谐》《山海》；倦则取左宫枕，烂游华胥
国。午后剖椰子杯，浮瓜沉李，捣莲花，饮碧芳酒。日晡，浴罢兰汤，棹小舟垂钓于古
藤曲水边。薄暮籊冠蒲扇，立高阜，看园丁抱瓮浇花。

秋

晨起下帷捡牙签，挹花露研朱点校。禺中操琴调鹤，玩金石鼎彝。晌午用莲房洗
砚，理茶具，拭梧竹。午后戴白接䍦冠，着隐士衫，望霜叶红开，得句即题其上。日晡
持蟹螯鲈鲙，酌海川螺，试新酿，醉听四野虫吟，及樵歌牧唱。薄暮焚畔月香，壅菊观
鸿，理琴数调。

冬

晨起饮醇醪，负暄盥栉。禺中置毡褥，烧乌薪，会名士作黑金社。晌午挟策理旧
稿，看树影移阶，热水濯足。午后携都统笼，向古松悬崖间，敲冰煮建茗。日晡羔裘貂
帽，装嘶风镫，策蹇驴，问寒梅消息。薄暮围炉促膝，煨芋魁，说无上妙偈，剪灯阅剑
侠列仙诸传，叹剑术之无传。

第二章
园林美

扫码获取第二章彩图

【**本章概要**】本章主要介绍园林美的含义、特征、表现形式与主要来源。阐述园林艺术美的内涵与基本特点，同人文、自然要素相结合呈现的表现形式，以及审美效果的来源。使学生通过本章学习，能够初步了解园林美的定义、特性与形成。

【**课程思政**】通过介绍中国传统园林中人文思想经由自然景物体现与表达的方式，激发学生对传统园林文化的敬仰与热爱。

第一节　园林美的含义与特征

一、园林美的含义

（一）美的概念

美，是美学最重要的范畴之一，主要用以说明、评价事物和现象（包括人、物质产品、精神产品和艺术作品）具体的审美属性，如完美性、和谐性、表现力、最佳境界等。

美是按照社会运动的一般规律发展的，不同社会、不同历史时期对美有着不同的评价。美具有客观性，受社会影响。

（二）园林美的概念

园林美是一种艺术美，是人工与自然、艺术与现实相结合的、融多门学科（如哲学、心理学、伦理学、文学等）于一体的综合性的艺术美。园林美与其他美之间有共性，都是艺术家对社会生活形象化、情感化、审美化的表达结果。园林美学同时又是一门独特的人造美学，它来源于自然而高于自然，在完整的、有限的、独特的自然环境里，根据美的客观规律和人类对自然界本身的认识、对大自然的审美创作而成，展现出人与自然间既有征服探索又有和谐协调的本质。

二、园林美的特征

园林艺术是一种兼具审美性与实用性的艺术，对于园林来说，其美学用途已经远超其实用功能，园林艺术主要是用来渲染气氛、营造氛围，兼具游赏功能。园林美有着多方面的特征，归纳如下。

（一）多样性

园林美在其形式、风格与内容方面，将时代、民族的特性展现得淋漓尽致，从而使园林呈现出丰富多彩的特征。园林艺术风格受民族、时代、环境、地域等诸多因素影响而不同，又因造园者自身的社会阅历以及经验、意识、理想、修养、意趣等方面的不同而产生差异。中国园林风格多样、各具特色：皇家园林金碧辉煌，气势恢宏；江南园林清秀典雅，婉约多姿；岭南园林精巧玲珑，绚丽明净；东北园林以中轴线对称而排列组合；西藏园林则具幽秘的宗教气氛和粗犷的原野风光。园林美不仅包括植物、建筑、山水等物质因素，还包括人文、历史等社会因素，是一种综合性的高级艺术之美。

（二）阶段性

园林中的审美客体以活体为主，这些花草树木及鸟类虫兽等生命使得园林艺术充满盎然生机。然而，这类审美客体具有生长、变化、成熟、衰老等过程，会使园林景色呈现阶段性的变化，如春日的园林，大地回春，万物复苏，树木绽出新芽，园林中生机勃勃；夏日的园林草木繁盛茂密，树荫浓郁，色彩纷呈；秋日的园林呈现出金黄色的韵律，枫叶红遍，一派成熟景象；冬日的园林寒风凛冽，景色萧条，色彩单调，但树木的冬芽又孕育着春的生机。

（三）客观性

园林艺术的客观性体现在以下几个方面。

1. 设计原则和规范

园林艺术遵循一系列的设计原则和规范，如比例、对称、重复等，这些原则和规范使得园林艺术具有客观性，使人们能够在审美上对其达到一致的认同。

2. 自然规律

园林艺术通过运用自然规律，如地形、植物生长规律等，来创造出自然与人工结合的美感。自然规律具有客观性，园林艺术通过遵循这些规律使得作品更加符合人们对自然美的感知和期待。

3. 文化传承

园林艺术在设计中常常融入了地域文化和历史背景，如传统建筑风格、民俗文化等。这些文化元素具有客观性，将其融入设计中能够传承和展示特定地区的文化特色。

4. 功能需求

园林艺术在满足人们对美的追求的同时，也要满足人们的实际需求，如休闲、娱乐、文化活动等。这些功能需求是客观的，园林设计需要考虑到这些需求，使得园林艺术具有实用性和可持续性。

总之，园林艺术的客观性体现在遵循设计原则和规范、运用自然规律、融入地域文化和历史背景以及满足功能需求等方面，使得园林设计具有普遍性和可理解性。

第二节　园林美的表现形式

一、与人文艺术的结合

中国古典园林中的意境将园林美提升到更高的境界，是中国园林的审美特性、精华所在。作为人类亲近自然的场所，古典园林力求师法自然，与自然和平共处、和谐共生，将"天人合一"的思想表现得淋漓尽致，表达出对自然的崇尚。中国园林的独特之处，即为将园林艺术与中国文化相结合，融人文景观与自然景观于一体，将令人神往的绝美意境带给游人。

在我国传统园林中，人们很久以前已经体现出了对意境的要求。我国的园林美学，尤其是我国传统园林美学的核心，即是观察和表现园林意境。园林所打造的便是一种意境，一种将自然风景升华为诗情画意的意境，它既能与自然相通，又能给人以美的感受，令人赏心悦目、心旷神怡。经过了造园艺术家们多年以来不断地苦心经营，园林俨然形成了一个个有风格、有品位的艺术作品。

自古以来，中国民众都有着热爱自然、崇拜自然的传统情怀。农业作为我国农耕文化的主要渊源，再加上宜农的自然环境，使先祖们在崇拜自然的同时，也产生了非常浓厚的感恩之情。而正是这种对农业感恩性的自然追求，经过了非常漫长的历史时期，才最终在中国的传统文化和思想中沉淀了下来，我国哲学上将其称作"天人合一"的基本理念。两千多年以前，庄子就曾讲过："天地与我并生，而万物与我为一。"这是一种人和自然合而为一的美，构成了中国园林人文艺术所特有的精神基因。

在中国历史的漫长发展历程中，我国诞生了东方园林的杰出代表——自然山水园，在园林艺术方面获得了巨大的发展和光辉的成绩。山水意象在园林意境中具备很强的影响力。不论是出于对山水田园诗、对风景画的鉴赏，又或是出于对大自然、对园林的审美，山水意象的表现内容、底蕴都十分突出。人们能够通过有限的景观形象，去感受无尽的意象所蕴的"道"，从而参透艺术、生命、世界的真谛。浓郁的情感以及深邃的哲理，使山水意象生成意境的潜力大大提升。而对于意境的追求，使自然审美意识达到了可以直接在对自然景物的观赏中，获得所谓"心怡神畅"的审美享受的最高级阶段，此阶段人们才真正发现了自然美的自身审美价值。

将并非现实存在的仙境再现于园林艺术中，这并不仅仅是为了寻求一种特殊的景观类型，更是为了满足人们追求捕捉和陶醉幻梦的心理需要。这种对幻想形式的鲜活描摹，将耳目中的愉悦之感带给了游人，并注重于意境本身的玄妙感，从中体现出了园主身在尘世之中、身居三界之外的构思。琼楼玉宇、灵池瑶台，这些虽然是通过对大自然的描摹而成，但毫无疑问却表现出了中国古人对于仙境景色的各种设想，或俗艳，或缥缈，或清幽，从客观上大大加强了造园方法的艺术性，园林景色的内涵与外在形式也获得了极大丰富。

我国园林艺术所表现出的意境美和中国诗画的意境美密不可分，景虽已尽而意亦无限（图2-2-1）。士大夫、作家或造园家把自身的各种情感以及意志都反映到园林艺术景观

的创造之中，在创作中他们因为获得了一种自我实现而感到万分满足，而在欣赏中他们又重新感受到了来自这种满足的快乐。对游赏者来说，正是因为中国园林艺术本身独特的可塑性、含蓄性以及对情感的包容性，在欣赏、品鉴等活动中，往往寓情于景，从而触景生情，体会到了独一无二的美学意境。所以，景观鉴赏既是一个领略、享受园林风光的审美过程，也是一个审美价值的获得过程。

彭一刚先生在谈到中西方园林的不同美学观念时表示，因为二者对于自然美所持看法不尽相同，所以反映出造园艺术的追求方面，也各有侧重点。西洋造园艺术虽然不乏诗情画意，但对形式美的要求却更加刻意；而中式造园艺术尽管也讲究形式，但它所要求的却更是意境之美。因此，西洋造园艺术旨在悦目，而中式造园艺术则旨在赏心。区别于西洋造园艺术"人化自然"的审美观念，我国传统造园艺术的审美理想乃是自然的人格化。我国的传统园林文化中对以物比德、寓情于景方面高度重视，并以其美学目标——自然之景，作为个性美、道德美和文化美的表现，强调以物喻意、托物寄兴、感物兴怀的比兴传统。

二、与自然形象的融合

众所周知，我国园林以自然写意山水园而闻名于世。寄畅园之所以能够对众多的国内外游客产生强大吸引力，并且令人百看不厌，其根本原因要追溯到中国人文的自然根源（图2-2-2）。当代社会，人们的生活节奏加快，"亲近自然、回归自然"便成为人们的一种追求。中国园林设计所遵循的理念是"法天象地"的自然法则以及"天人合一"的自然理论，所以我国园林艺术就是自然的艺术，而我国造园技术的根本特点便是把天然要素从自然界中提炼出来，并进行合理运用。寄畅园的造园理念反映了人与自然的和谐统一，并突出了人与自然社会和平共处的理念。"道法自然"的思想，体现出一种至善至美的境界，寄畅园之所以表达出对自然的追求、崇尚，其本质原因并不在于对自然美形式上的模仿，而在于寻求自然当中蕴含着的"道"与"理"。寄畅园属山麓园林，景物建筑均为依山而建、面山而构，将园外的山景都纳入了园中。其以追寻、临摹自然的原则营造植物、山水与建筑，并力求达到顺应自然的天作之美。例如，不以规则的直线排列形式配置植物，表现自然天成、取法自然，无人工干预之痕迹。因此，寄畅园所体现出的是不对称、不规则的布局形成。寄畅园内陈设物的虚实关系大致有如下形式：山为实，水面为虚；风景以近为实，远为虚；景物为实，倒影为虚等。数不胜数的景致相互对比。除了植物、山水等自然之景，还有小品、建筑等人文艺术形式，融自然美、人工美于一身，这是由于人们受到了"天人合一"的哲学思想以及儒家、道家思想的启发，也因此所谓的"崇尚自然而妙造自然"的自然山水式园林就此应运而生。北宋画家郭熙曾说过，"水，活物也"。水是造园艺术的关键元素，若成园则必有水，若无水则难以成园。因此不管在古代还是现代，水系都成为人们在造园活动中的重要设计要素。

现代社会的人整天都与钢筋水泥所构成的硬质空间相伴，在现代高科技产品的包围下，人们的神经系统经常处于紧张的状态，因此，人们希望回归自然、亲近山水，获得清新、舒适之感。所以当代设计师们在进行景观设计之时，也要特别重视亲水区的营造。寄畅园的锦汇漪便是一处非常好的水体设计范例。锦汇漪位于寄畅园的正中央，因把园中锦绣绚丽的景色汇聚而得名。锦汇漪水面南北纵深，在潭岸中央处突出鹤步滩，与鹤步滩相对之处是突出的知鱼槛，二者将水域分为两部分，若即若离、似断若连。潭北面的七星桥则连通了陆地，似隔而通，层次感丰富。它虽然穿越了锦汇漪，但在建造上却没有采用江南水乡常用的拱桥，而是改成了平桥，使大桥与水面之间的距离大大地缩短了，把池水的溢漫和丰润表现得淋漓尽致。七星桥之后的廊桥处，被锦汇漪尾水的去向所阻隔，产生了无尽的意境。寄畅园中的景色，主要是以锦汇漪为中心而展开，山影、塔影、亭影、榭影、树影、花影、鸟影，尽聚池中。而东望于池北的嘉树堂，则是"山池塔影"，借锡山龙光塔入园中，空间层次丰富，中国古代园林借景的典型作品莫过于此。

图 2-2-2 寄畅园 ◀

第三节 园林美的来源

一、风景

（一）风景的概念

凡是能够吸引人们欣赏和产生一定审美评价的自然景观和事物，都可以被认为是风景。不过，并非自然界的任何一种主体都有风景。一脉山泉、一片田野或是自然界中的冰山一角，都只能作为一种客观存在的地貌或现象而出现，而一种风景，却是由人的情感融于自然之中所产生的，所以如果没有人的感情这种主观因素的影响，就不会产生风景这种概念。因此，当部分人根本毫无审美兴致，以毫无感情色彩的眼光看待自然之时，自然也就无法展现其中的所谓"风景"及其内涵。虽然景物本身多种多样，在不同的地区，景色与景物之间也存在着巨大的差别，人们对风景的评价也有高低之分，但是，景物都应该是充满审美的"大自然的一角"。

（二）风景的特征

1. 环境特征

风景不可任意移动、变化，只能在一定的条件下形成。它是一种可以在环境氛围中观察的四维空间，与环境空间共存。如果环境被破坏了，风景也将消失。

我国历史上形成的风景名胜区，多是自然奇观与寺庙丛林相结合，用自然之力来为创造人间"仙境"服务。现在新开辟的风景区，多为欣赏风景优美的自然奇观为主的自然风景区，如武陵源的砂岩峰林奇观、九寨沟的水景奇观、黑龙江的五大连池、云南的石林等，均是大自然的造化，不需人工斧琢，只要对其景点进行提炼即可。

2. 时间特征

自然风光美景，随着时间的迁移变化万千。日出、日落、云雾、月夜等随时间而变幻多姿，植物的色、香、形因四季而不同，动态水景在雨季和旱季的效果各异。不同的历史名胜随其历史的久远程度而具备不同的价值，人们对风景的欣赏也随时间的推移而逐渐产生变化。所以，风景是在特殊的时空中展开的，是一个具有时间特征的序列。

3. "心理距离"特征

美学概念上有"心理距离"之说，其范围从"距离太近"直至"距离太远"。如舞蹈，有高度技巧，富于表现力，同时寓意深刻，谓之"距离正确"；反之，未加工过的日常生活中的行为动作，直接搬上舞台，谓之"距离太近"。又如雕塑，表现出人体完美造型的，谓之"距离正确"；反之，与真人一样的人体模型，谓之"距离太近"。

最佳距离指最佳的主客体会合点（交叉点），即最佳境界、最佳感受。心理距离和时间距离的关系，存在着两种情况：

（1）客体是古代作品，主体是当代人，因历史相隔久远，不熟悉、不理解而感到疏远（心理距离远）；

（2）正因为历史久远，使人对事物的差异感到新奇，并吸引人去了解（心理距离近）。

当代人之所以喜爱人文风景，不仅是因为人们对自然环境的追求，也是因为历史造成的奇异感和差异，令人们产生了浓厚兴趣，竞相游览、观光。这种心理距离的因素，常为风景带来永恒的效益。

4. 综合特征

风景是一种综合性的资源，为了充分发挥风景的价值，需要社会学、生态学、地理学、植物学、建筑学、园林学等各行各业的专家协同作业。例如，为了使游人在风景中游览时能获得良好的休憩效果，满足人们对舒适环境的需求，需要运用园林、环保、医学、气象以及旅游等方面的学科知识。所以，风景是人们对自然环境多学科的、综合的巧妙利用，只有这样，才能充分展示风景多方面的效益。

园林是由许多孤立的、连续的或断续的风景，以某种方式剪接和联系所构成的空间境域。风景的形象是多种多样的，如高山峻岭之景、江河湖海之景、林海雪原之景、高山草原之景、文物古迹之景、风土民情之景等。园林是风景的集锦，是自然界优美景观的艺术再现，是供人们游憩赏乐的自然环境。园林中的风景，不论是因借自然为主，或模拟自然为主，都是经过了人们综合性的组织加工而构成的。

（三）风景的构成

所谓风景，其实就是在特定的环境下，由山水景色加上一些自然与人文景观而形成的能够引发人类审美和享受的景象。风景的构成要素有 3 种，即景物、景感和条件

1. 景物

景物是构成风景的基本素材、客观因素，是具备独立欣赏价值的风景素材的个体。不同的景色、景物之间的排列组合，构成了丰富多样的形式和空间，进而形成了丰富多样的景观与环境。景物的种类虽然相当复杂，但一般可以将其归纳、总结为以下8 类：

（1）山 包括地表面的地形、地貌、土壤及地下洞岩，如峰峦谷坡、岗岭崖壁、丘壑沟涧、洞石岩隙等。山的形体、轮廓、线条、质感常是构成风景的骨架。

（2）水 大的有河流川溪，宽的有池沼湖塘，流动的既有飞瀑跌水，又有河湖涧潭，还有涌泉滴流、烟霭冰雪等。常以水的光、影、形、音、色、味，构成最生动的自然山

水素材。

（3）植物　包括各种乔木、灌木、草本、藤本、花卉及地被植物等。植物是体现自然四时景象和表现地方特点的主要素材，是人们保护环境、维持生态平衡的要素。运用植物的形、色、香、音等表征和特性，也是人们创造意境、产生比拟联想的重要手段。

（4）动物　包括所有适宜驯养和观赏的鸟兽虫鱼等。在整个自然风景的构成中，动物们都是古老而有机的自然素材。动物的外貌、习性、声音等因素在风景中别具一番情趣。

（5）空气　空气的流动、温度、湿度也是风景素材。如春风、和风、清风是直接描述风的；柳浪、松涛、椰风、风云、风荷是间接表现风的；南溪新霁、桂岭晴岚、萝峰晴云、烟波致爽又从不同方面展示了清新高朗的大气给人的别样感受。

（6）光　可见光是一切视觉表现的前提，如日月星光、灯光、火光等。在岩溶景观中，人们往往能够感受到光对景观产生的巨大作用。旭日晚霞、秋月明星、花彩河灯、烟火渔火等，自古就是绝佳的风景。而金顶祥光和海市蜃楼等，则被誉为峨眉山、崂山上的绝景。

（7）建筑　广义上可泛指所有的建筑物和构筑物，涵盖了各种建筑形式，如墙台驳岸、道桥广场、装饰陈设、功能设施等。建筑既可满足游憩赏玩的功能要求，又是风景组成的素材之一，也是修饰润色风景的重要元素。

（8）其他　凡不属于上述7种景物的可归为此类，如雕塑碑刻、胜迹遗址、自然纪念物、机具设备、文体游乐器械、车船工具及其他可取的风景素材。

2. 景感

景感是风景构成的活跃因素，是主体对风景的感受、体察、鉴别能力。尽管自然界的万事万象都是不受人的主体意识左右、完全独立于主体意识而客观存在的，可是，自然之美——风景，却并不仅仅是客观素材，同时也是一个由主体所感受得到的主观美。而风景又可以影响人的眼耳鼻舌身脑等各种感觉器官，经过主观感知、综合判断等主体反馈和互动，风景与美感等相关观念也随之应运而生。随着社会的发展、进步，人们的这种景感意识也逐步形成，它是全面的、多元的、富有艺术意识的，按其特征大体可归纳为如下8类：

（1）视觉　尽管景物对人的感官系统的作用是综合的，但是视觉反应却是最主要的，绝大多数风景都是视觉感知和鉴赏的结果，如独秀奇峰、香山红叶、花港观鱼、云容水态、旭日东升等。

（2）听觉　以听赏为主的风景主要体现了自然界的声音美，常来自钟声、水声、风声、雨声、鸟语、蝉噪、蛙叫、鹿鸣等，如双桥清音、南屏晚钟、夹镜鸣琴、柳浪闻莺、蕉雨松风，以及"蝉噪林逾静，鸟鸣山更幽"等境界，均属常见的以听觉景感为主的风景。

（3）嗅觉　为其他艺术类别难有的效果，景物的嗅觉作用多来自欣欣向荣的花草树木，如映水兰香、曲水荷香、金桂飘香、晚菊冷香、雪梅暗香等都是众芳竞秀四时芬的美妙景象。

（4）味觉　有些景物是通过味觉景感而闻名于世的，如崂山、鼓山的矿泉水，清冽甘甜的济南泉水、虎跑泉水等。

（5）触觉　景象环境的温度、湿度、气流和景物的质感特征等都是需要通过接触感知才能体验其风景效果的。如香彩清风、榕城古荫的清凉爽快，冷温沸泉、河海浴场的泳浴意趣，雾海烟雨的迷幻瑰丽，岩溶风景的冬暖夏凉，"大自然肌肤"的质感，都是身体接触到的自然美的享受。

（6）联想　当人们看到一样景物时，会联想起自己所熟识的某些东西，这是一种不可更改的知觉形式。"云想衣裳花想容"就是把自然想象成某种具有人性的东西。园林风景的意境和诗情画意即由这种知觉形式产生。所有的景物素材和艺术手法都可以引起联想和想象。

（7）心理　由生活经验和科学推理而产生的理性反应，是客观景物在脑中的反映。如猛兽的凶残使人见之无法产生美感，但当人们能有效地保护自身安全或猛兽被人驯服以后，猛兽也就成为生动的自然景物而被观赏；又如浓烟滚滚的烟囱曾被当做生产发展的象征而给以赞美，但是当环保主义兴起，人们对它的心理反应就变了；再如水面倒影的绚丽多彩历来被人赞颂，但是被工业污染的水面色彩却令人反感。人们遵循着一个理性景感，即只有不危害人的安全与健康的景象素材和生态环境才有可能引起人的美感。

（8）其他　意识中的直观感觉能力和想象推理能力是复杂的、综合的、发展的，除上述7种外，错觉、幻觉、运动觉、机体觉、平衡觉等对人的景感都可能会有一定作用。

3. 条件

条件是风景构成的影响要素、表现手段，是赏景要素和景观对象之间形成的特定联系。景物与景感本身的出现和形成都包含条件这个要素，景观材料的排列组合与景感反映的综合印象都是在特定的环境之中进行的。条件不但存在于景观形成的全过程，而且存在于景观鉴赏和开发的全过程。条件既可影响景观，又可推动和完善景观。条件的不同必然影响着景观的形成、作用、完善。景观形成的条件包括以下4个方面：

（1）个人　风景的概念是因人而产生与存在的，显然，风景意识也因人而异。不同个体的性别、年龄、种族、职业、爱好、生活经历与健康状况等，都会影响其直观感觉和想象推理的能力。风景不仅在这种能力的影响下有所发展，而且很可能正是其影响下的产物。

（2）时间　风景受时间的制约是最全面、最明显、最生动的。这里的时间包括了时代年代、四时季相、昼夜晨昏、盛期衰期等极为丰富的变化与发展。

（3）地点　地理位置、环境特点同景物的种类，风景的构成、内容、特色、发展等关系十分密切。视点、视距、视角的变化可能性很多，足以改变风景的特性。角度和方位的变化艺术，正是最直接地反映园林风景创作特点的所在。所以"地点"对风景效果的影响非常重要。

（4）文化 不同的文化历史、艺术观念、民族传统、宗教信仰、风土民俗显著影响了风景的构成。不同地区由于其所传承的文化不同，当地风景的构成也会具有显著差异。

二、景源

（一）景源的概念

景源，亦称为风景资源、景观资源，是指能引起社会审美与欣赏活动，可以作为风景游览对象和风景开发利用的事物与因素的总称。因此我们可以理解为，形成景观的要素均可以被视为景源。其中，景物作为景源的基础，是最重要的物质性景源；而景感是一个能够被物化的精神性景源，因此，通过各种游览方式和游赏活动都能够实现对于游客景感的管理和调节；条件是能够变化的媒介性景源。举例而言，赏景点的主要游览路线组织便是人们对于赏景对象的认识，以及对于赏景环境的要求。

尽管如此，通常应用和研究最多的仍然是物质性景源，其他景源仅在深化研究时才专门论及，这里仅针对物质性景源进行阐述。

（二）景源的特征

1. 整体与地区并存的特征

整体与地区并存，即各类景源要素彼此间都存在着不同程度的联系，它们结合在一起就形成了一个有机整体，牵一发而动全身，动其一或用其一均会影响其整体。但同时，由于景源具有着十分不平衡的时空分布，且个性特点鲜明，难以形成良性替代，因而，对景源的保护和利用都十分复杂。

2. 有限与无限并存的特性

有限性与无限性并存即景源的容量与规模均存在一定的限度，而随着人类社会的不断发展、进步，景源的内涵与潜能也随之发展。因此，景源资源既应该合理地保护，也必须节约并全面、正确地使用，同时还要反映出在科学管理环境下，可以发挥其潜力的前景。

3. 优势与劣势并存的特征

中国景源具有总量大、经济价值高、类型齐全、独特景源多等优势。例如，在中国有世界最高峰、被誉为地球第三极的珠穆朗玛峰，有世界第一大峡谷雅鲁藏布大峡谷及其大转弯，有数不胜数的世界自然与文化遗产。

我国景源的劣势在于人均景源规模较小，景源存在布局和发展不平衡的现象，有些景源存在着很大的威胁和风险。中国风景区的年均人口密度过大，由此带来了人才、资金、交通等方面的问题。

（三）景源的分类

1. 景源的分类原则

景源分类既要严格地按照自然科学划分的一般原理，又要坚持按照风景学科分类原则及其他学科分类的专门原理，以符合有关基础材料的互用、共享和通用的社会要求。景源分类的具体原则主要包括：①按照性状划分原则，强调将景源的形态和特征进行识别；②指标与一致性原则，指一般将具有同一目标性质的景源归为同一种类型；③包容性原则，即各种类型间存在着相当明显的排他倾向，但个别具有一定从属关系；④约定俗成性原则，社会上和学术界或有关学科中约定俗成的情况，虽并不完全合理但也无明显错误、尚可意会的，一般为此种类。

2. 景源的类型

中国景源大致可以归为 3 个大类，12 个中类，98 个小类，798 个子类。其中，大类按习俗分为自然、人文和综合景源 3 类；中类为景源的种类层，分为 12 个，在同一中类内的景源，或其自然属性相对一致、处在相同单元中，或其具备大致相同的功能属性、同属一个人工建设单元和人类活动方式及活动结果；小类为景源的形态层，是景源调查的具体对象，分为 98 个。

（1）自然景源　中国地广物博，自然景源多。自然景源，是指以自然事物和因素为主的风景资源。中国幅员辽阔，从最北寒温带的黑龙江到最靠近赤道的南海诸岛，跨度超过五千公里，南北气候差异比较显著；从雪峰连绵的世界屋脊至水网密布的东海之滨，海拔高度差达八千多米，东西方海拔悬殊；从鸭绿江入海口至北仑江口之间的万里海疆，渤海、黄海、东海、南海等四海连通大洋。在这高山与平地相互交错、江河湖海相互交织的广大疆域里，保存并繁殖着世界上历史最悠久、最丰富而又纷繁复杂的生物群体与地下资源。也正是这些因素，使中国同时拥有了雄奇壮美的大尺度景色与丰富多彩的小尺度景观。

为了便于调查研究与合理利用，依据景源的自然属性和自然单元特征，将其提取、归纳、划分为 4 个中类。

① 天景，即天空景观（图 2-3-1）。

② 地景，即地表与地文、地质景观（图 2-3-2）。

③ 水景，即水体景观（图 2-3-3）。

④ 生景，即生物景观（图 2-3-4）。

图 2-3-1　天景　◀

图 2-3-2　地景　◀

图 2-3-3 水景 ◀

▶ 图 2-3-4 生景

（2）人文景源　中国历史文化源远流长，人文景源丰富。所谓的人文景源，是指在人类社会中可以称为景源的一切历史活动，即以人的文化艺术因素为主导的景源。悠久古老而又充满生命活力的中华民族文化，在上下五千年的历史演变进程中积累下了丰富的文明资源和宝贵的精神财富，并构成了人类社会上独一无二而又必不可少的文化艺术内容。在这种内容丰富详尽、种类复杂多样的文化艺术内容中，与景源文化关系最紧密的包括在不同的历史阶段遗留下的为人类直接创造且与人类生存发展息息相关的物质遗产，即种类丰富的文物艺术遗产，以及在不同自然环境、历史条件下，为人们生存等所创造的建筑艺术成果。

【本章知识结构图】

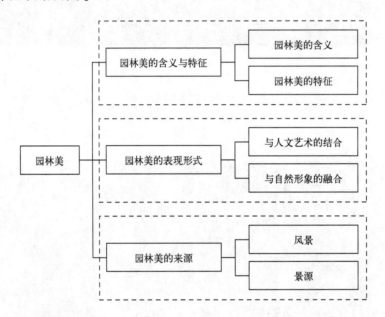

【课程思政教学案例】

1. 思政元素

了解个园园主建园初衷，激发学生对于传统园林文化的敬仰与喜爱。

2. 案例介绍

个园

中国四大名园之一的个园，坐落在扬州古城的北隅，是嘉庆年间两淮盐总黄应泰的家宅。它是扬州保存最完好的盐商园林，主人喜爱竹，取苏轼的"宁可食无肉，不可居无竹，无肉令人瘦，无竹令人俗"之意，因"个"为"竹"字一半而且形状似竹叶，故取名"个园"。

【练习题】

1. 名词解释

园林美；景源。

2. 问答题

（1）园林美的特征有哪些？

（2）举例说明园林美表现形式。

（3）运用实例说明风景的特征。

第三章
世界园林艺术特征与审美

扫码获取第三章彩图

【本章概要】由于地理特征和文化发展的差异，世界各地出现了不同的造园风格和审美模式，形成了世界三大园林体系：东方园林、西方园林和伊斯兰园林。从古代园林到现代园林，既有园林艺术的统一性，也有因自然、历史和心理隔离等因素造成的园林艺术的不同特点。世界园林史中的著名造园，其风格与中国园林艺术相比，既有相同点也有不同点。如何将它们运用到现代园林的发展中，使我国的园林多样化、人性化、可持续化发展，是本章学习的主要目的。

【课程思政】通过介绍世界三大造园体系的代表性园林，开阔学生视野，在中外比较中发现和阐明中国特色。通过回顾现代园林设计思想的发展历程，培养学生的创新意识和以人为本的职业素养。

第一节　东方园林艺术特征与审美

一、中国古典园林

中国古典园林是指以江南私家园林和北方皇家园林为代表的中国山水园林形式。中国古典园林是人类文明的重要遗产，被公认为世界园林之母和世界艺术奇观。其"虽由人作，宛自天开"的美学旨趣，渗透在博大精深的中华传统文化中，是中华五千年历史文化的结晶。

（一）按园林基址的选择和开发方式分类

1. 人工山水园

人工山水园以人工堆砌的假山和开挖的水池作为自然景观，力求在小环境中表现自然，它的组成部分主要有山、水、植物和建筑物。人工山水园位于平坦地势处，特别是在人口众多的区域。由于人工山水园林更集中地体现了人们的艺术创造力和造园理念，所以最能代表中国古典园林的成就。苏州园林是人工山水园的典型代表，比较有名的有拙政园、留园、个园（图 3-1-1）、网师园、环秀山庄、耦园、狮子林等。

▶ 图 3-1-1 个园

2. 自然山水园

自然山水园大多是基于自然界中的山水，以利用为主，局部加以调整，增加园林建筑、动植物，形成园林，供人们游览、观赏。自然山水园多建在城镇近郊或远郊风景优美的地方。皇家园林和私人园林中都存在此类型，如唐代大诗人王维的辋川别业，又如颐和园（图 3-1-2）等，都是自然山水园的典范。

（二）按占有者身份、隶属关系分类

1. 皇家园林

特点：规模宏大，真山真水多，园内建筑色彩绚丽、造型高大，显示出封建帝王的权威，如颐和园（图 3-1-2）、圆明园（图 3-1-3）等。

图 3-1-2　颐和园 ◀

图 3-1-3　圆明园 ◀

2.私家园林

特点：规模小，常用假山假水，建筑小巧玲珑，居游一体。园林用色淡雅干净，表达了主人游走于林间、寄情于山水的心境，如拙政园（图3-1-4）、个园等。

▶ 图 3-1-4　拙政园

3.寺观园林

特点：具有公开性、选址适应性强的特点，比较注重因地制宜、因势利导。环境幽静优美，多建于自然山林之中，种植特定树种，突出庄严、肃穆、神秘的气氛，体现佛、道、儒、民俗文化融合的特点，注重超凡脱俗的精神审美功能，如苏州寒山寺（图3-1-5）。

（三）按园林所处地理位置分类

1.北方园林

北方园林一般面积大，多为帝王所建，建筑富丽堂皇。由于自然气象条件的限制，这里水面、园石和常绿树较少，所以偏壮美而少秀美，如颐和园、圆明园、清华园、承德避暑山庄（图3-1-6）等。

图 3-1-5 苏州寒山寺 ◀

图 3-1-6 承德避暑山庄 ◀

2. 江南园林

南方人口较多，园林面积较小，因河流、湖泊、园石、常绿乔木较多，使园林景观更为细腻精美。多为士大夫、达官贵族所建，具有诗情画意的文人气息，如苏州、扬州、杭州、南京、无锡、上海等地的园林，其中尤以苏州、扬州为代表，如扬州个园（图 3-1-7）。

▶ 图 3-1-7 扬州个园

3. 岭南园林

地处亚热带，四季常绿，江河众多，造园条件优。其显著特点是具有热带风光，建筑高大宽敞。岭南园林以民居园林为主，多为庭院与园林相结合。有造园师认为，岭南园林的风格不同于传统园林，应称为院落，如广东顺德的清晖园（图 3-1-8）、东莞的可园、佛山的梁园等。

除上述三大主要风格外，还有巴蜀园林、西域园林等多种形式。中国古典园林在处理东西方园林设计理念的一些共同点上有自己的方法，并且在融合了各自的历史、人文、地理特征之后，也展现出了自己的一些独特之处。

▶ 图 3-1-8 清晖园

二、日本古典园林

日本古典园林以其淳朴自然的风格而闻名于世。它不同于中国园林的"人工之中见自然",而是"自然之中见人工"。它体现着大自然的山水风光,避免了人工斧凿的痕迹,营造出一种质朴清宁的意境。

从形式上说,日本古典园林有三种主要类型。

(一)筑山庭

"筑山"就是所谓鉴赏型"山水园"。园内堆土筑假山,点缀石群、树木、飞石、石灯等,表现山川、平原、山谷、溪流、飞瀑等园林景观。其传统特点是以山为主景,几座重叠的小山组成远山、中山、近山、主山、客山,以山涧流淌的瀑布为重点。筑山庭要求用较大的尺度来表现开阔的河山,往往将自然地形进行人为美化,以营造幽深丰富的景致(图 3-1-9)。

(二)平庭

平庭一般在平坦的地形上表现山谷或荒野的景致,各种山石、植物、石灯、溪流排列在一起,形成各种自然景观。岩石代表山脉,树木代表森林。"枯山水"平庭具有写意山水的风格，一般体积较小，或置于墙角，或置于屋檐下，或置于两屋之间。形式是用白沙铺地，沙面平整如镜或如水面微波，点缀石块，石块上有草或无草，象征的含义是白沙 - 海水、石 - 岛、草 - 植被。这种园林纯粹是观赏的对象，人不能在里面活动（图 3-1-10）。

▶ 图 3-1-9　日本京都筑山庭

▶ 图 3-1-10　日本建仁寺

（三）茶庭

茶庭是茶道影响下的产物，通常面积不大，单独设置或与园内其他部分分开设置，四周用竹篱或木篱围起，富有乡土韵味。由小院门入内，主体为茶庭，建筑是茶馆，另有洗手钵和石灯笼等装饰。步石是茶庭的一大特色，其布局变化无穷。院内宜植常绿乔木，忌花木（图 3-1-11）。

图 3-1-11 京都洛匠茶庭 ◀

三、中日古典园林艺术特征与审美比较

日本古典园林与中国古典园林一脉相承，在吸纳、继承、发展、创新中形成了自己独特的风格，其主要特点是对自然之美的典型再现。

（一）传统文化

中国古典园林主要受道家、佛教、儒家等的影响，追求意境，清静闲适，古朴雅致。日本主要受东渡佛教和禅宗的影响，追求在深山幽谷的自然环境中冥想、打坐、悟道的意境。日本园林受"空、寂、灭"思想的影响，在设计上省去了许多可以加工的元素，但能让人感到回味无穷、意境深远。

（二）地域环境

中国幅员辽阔，自然资源丰富，地形多样。江南有水乡风貌，巴蜀有盆地平原，岭南有丘陵，北方有奇山峻岭。但日本是一个岛国，山多平地少，土地条件有限，营造日本园林的最大难题是解决有限的景观空间与无限的观景需求之间的矛盾。因此，中日地域环境的区别即大陆与岛屿的区别，这决定了中日园林文化分别是以山水文化和水岛文化为主。

（三）建筑风格

中国园林中的园林建筑较密集，体量较大，装饰性较强，所用人力较多；日本园林中建筑较少，密度较低，所用人力较少。中国园林建筑的组团组合讲究衔接，布局紧凑，彰显独特的匠心，而日本园林则崇尚自然的造化。中国园林通常用实墙与外界隔开，表现出人与自然的平等和独立，日本园林很少使用墙，即使使用，也以"虚"为特色。

（四）类型

不同的文化、地域和建筑风格造就了不同的园林。中国和日本的古典园林可分为皇家园林、私家园林和宗教园林（中国为寺观园林，日本为寺社园林）三大类。日本的私家园林以武家园林为主，与中国的文人园林不同，它们的特点是园林面积大，建筑体量大，彩绘多，立石规模也大，整个园林开阔舒适，规模和装饰都胜过皇家园林和寺社园林。日本寺社园林风格明显，注重禅思枯意，依靠园林本身形成宗教氛围和形象，有独特的枯山水形式。

第二节　西方园林艺术特征与审美

一、古代及中世纪园林

（一）古埃及园林

古埃及文明形成于 6000 年前（公元前 4000 年）左右，人们的生活环境是沙漠，尼罗河一年一度会暴发洪水，这样的环境条件以及埃及人早期对几何学的精通，影响着他们的建筑与园林特色。

（二）古巴比伦园林

古巴比伦园林形式大致有猎苑（与中国的"囿"相似，为狩猎娱乐场所；堆叠土山）、圣苑（神庙，对树木尊崇，列植）和宫苑（又称"空中花园"）3 种类型。

（三）古希腊园林

古希腊园林为规则的几何形式。类型大致包含：宫廷庭园（壮观）、住宅庭园［包含柱廊园（列柱廊式中庭）、屋顶花园（雕像放在屋顶，周围环绕鲜花）两种形式］、公共园林（圣林、竞技场）、文人学园（哲学家露天公开讲学的场所）。

（四）古罗马园林

古罗马园林主要有两种类型，即建造在城市中的住宅庭园（空间封闭性较强，建筑围绕庭园，周围环以柱廊，如庞贝城遗址中发掘出来的柱廊园）和郊野的别墅花园（开放式，建筑融入花园，如哈德良山庄）。古罗马别墅花园按其结构可分为田园型和城市型。别墅花园是古罗马真正的园林。

（五）中世纪西欧园林

中世纪西欧园林，为中世纪封建时期的园林，产生了两种独具时代特色的园林形式——修道院庭院和城堡式庭院。

这一时期的园林形式对文艺复兴甚至是更后世的园林都产生了重大的影响，这种城堡兼庭院式园林发展到后期成为现代的欧式别墅庭院，也深深地影响了我国庭院、水景及植物造景等设计。

二、意大利文艺复兴时期园林

（一）发展概况

意大利文艺复兴时期的园林经历了初期发展、中期鼎盛和末期衰落三个阶段，反映了文艺复兴运动在园林艺术领域从兴起到衰落的全过程。

（二）意大利文艺复兴时期园林实例

典型例子有菲耶索勒美第奇庄园、美第奇庄园、法尔奈斯庄园、埃斯特庄园（图3-2-1）、兰特庄园。

三、法国古典园林

（一）法国古典园林的形成

法国古典园林在巴洛克时代有一定的基础。路易十四时期，勒诺特尔尝试并形成了独特的风格，古典园林时代来临。勒诺特尔的弟子勒布隆协助德扎利埃撰写了《造园理论与实践》一书，该书被誉为"造园艺术的圣经"，标志着法国古典园林艺术理论完全确立。

▶ 图 3-2-1　埃斯特庄园

（二）法国古典园林实例

典型例子有凡尔赛宫（图 3-2-2）、枫丹白露宫。

四、英国园林

（一）18 世纪前的英国园林（规则式园林）

都铎王朝初期，大部分园林仍被深壕和高墙环绕，多为花坛、药草园、菜园和果园等实用性园林。当时英式园林的发展主要受意大利文艺复兴时期园林的影响。

图 3-2-2　法国凡尔赛宫 ◀

（二）18 世纪以后的英国园林（自然风景式园林）

18 世纪，由于哲学思想、政治体制的转变，民族主义艺术观、社会经济、文学绘画的影响，人们视野的扩大并对自由有了更大追求，英国自然风景式园林开始产生。代表园林：霍华德庄园（图 3-2-3）、布伦海姆宫（图 3-2-4）等。

图 3-2-3　霍华德庄园 ◀

▶　图 3-2-4　布伦海姆宫

五、中西方传统园林艺术特征与审美比较

中西方园林的艺术特征与审美差异如表 3-2-1 所示。

表3-2-1 中西方园林对比

项目	中国园林	西方园林
园林规模	较小	较大
布局	生态型自由式布局	几何型规则式布局
空间	有围墙，假山起伏	无围墙，大草坪铺展
道路	迂回曲折、曲径通幽	轴线笔直式林荫大道
树木	自然型孤植、散植为主	整形对植、列植为主
水景	以溪池滴泉为主	以喷泉瀑布为主
综合美的体现	借助叠石、书法、绘画、文学等手段	借助雕塑、工艺美术、绘画等手段

第三节　伊斯兰园林艺术特征与审美

伊斯兰艺术是一种受宗教影响很大的艺术形式，它以阿拉伯半岛为中心，遍布亚非，欧洲也有展现，很多地方都可以看到这种特殊的艺术形式（图 3-3-1）。

图 3-3-1 伊斯兰园林的中心花园 ◀

一、西班牙伊斯兰园林

西班牙园林受伊斯兰教的宗教文化和伊斯兰园林风格的影响，结合当地情况，形成了西班牙式的园林风格。典型的西班牙庭园被称为"Patio"，即"帕提欧"，其特点为：四周被建筑环绕，形成方形庭院，建筑形式以阿拉伯式为主。

代表作有阿尔罕布拉宫（图3-3-2）及其主要庭院（如桃金娘中庭、狮子院、柏木庭院）、格内拉里弗园。

▶ 图 3-3-2　阿尔罕布拉宫

二、印度伊斯兰园林

17世纪，随着穆斯林东进，印度地区成为莫卧儿帝国的所在地。莫卧儿王朝建造了两种类型的花园：其一是陵园，位于印度平原，通常在国王在世期间建造。国王死后，其中心位置作为陵墓场址并向公众开放。如闻名世界的泰姬陵（图3-3-3）。其二是游乐园，这种庭园中的水体比陵园更多，且通常不似反射水池般呈静止状态。游乐园中的水景多采用跌水或喷泉的形式。游乐园也有阶地形式，如克什米尔的夏利玛花园（图3-3-4），即是莫卧儿游乐园的典型一例。

图 3-3-3　印度泰姬陵 ◀

图 3-3-4　夏利玛花园 ◀

三、中伊传统园林艺术特征与审美比较

（一）中国园林和伊斯兰园林的同一性

中国传统园林和伊斯兰古典园林具有不同的风格和形式，是两种不同的园林体系。但透过其表象，我们能找到它们所具有的一些共同之处。

1. 审美主体的相似性

园林是人造的艺术，无论是伊斯兰古典园林中对自然的改造，还是中国古典园林中对自然景观的模仿，都是从人的角度出发的，两者的园林服务对象通常都是占统治地位的阶级。因此，园林的功能都是围绕着他们的日常活动和心理需求展开。这实际上是一种远离公众的功能定位，也反映了等级社会中园林功能的局限性和单一性。

2. 审美客体的相似性

无论是中国古典园林还是伊斯兰古典园林，无论是强调"师法自然"还是凌驾于自然之上，其本质都是强调对自然的艺术操控。区别仅在于艺术处理的内容、手法和侧重点。

3. 共同的追求

中国园林和伊斯兰园林在风格上都表现出对简洁和质朴的永恒追求。这样的园林更适合人们沉思冥想，能让人身心得到放松与安宁。同时，中国和伊斯兰园林建筑与环境的和谐融合，都使园林既简洁又深邃，富有意境。正因如此，两种园林才具有震撼人心的特点，并在继承发展的同时，使其精髓得以牢牢传承。

（二）中国园林和伊斯兰园林的差异性

1. 自然环境的差异

中国幅员辽阔，山水景观资源丰富，既培养了国人的山水审美意识，也成为中国园林设计的蓝本。

伊斯兰国家大都处于沙漠和草原这种自然环境之中，水是生命与美的象征，人们渴望水与绿荫。

2. 自然理念的差异

伊斯兰园林源于对古代西亚造园方法的模仿，并在古巴比伦园林的影响下发展而来。在发展过程中，这些园林都深受西方园林的影响，而东方体系则完全是自我发展。因此，伊斯兰园林与中国园林风格最大、最根本的区别在于东西方两种文化体系的不同。中国园林受道家"道法自然"思想的影响，讲究模仿自然，营造出的园林景色令人赏心悦目。而伊斯兰园林有强烈的轴线，以及被切割成几何形状的花草树木。总之，中国园林是借自然来表现园林艺术的精髓，而伊斯兰园林是借自然来表现人的力量。

3. 审美思想的差异

中国传统哲学的支柱是儒、道、佛三大思想体系，在其"中庸""自然""本真"等

审美思想影响下的园林风格是"虽由人作，宛自天开"。

伊斯兰教在伊斯兰国家的社会生活中占有举足轻重的地位，其审美思想是创造一个和谐美丽的世界，它的美不仅在于比例、对称、平衡、恰到好处，还必须结合精神面貌和品质，形成内外和谐。

第四节 现代园林艺术特征与审美

一、现代园林的起源与发展

（一）现代园林的起源

1. 现代园林概念

对于现代园林的起始时间，很多学者都有自己的看法，但一般认为，现代园林是从美国奥姆斯特德的纽约中央公园（图3-4-1）建设以来的整个园林发展阶段。

图 3-4-1 纽约中央公园

2. 产生背景

在设计领域，与建筑设计、平面设计、工业设计等设计相比，园林设计在接受新思想方面较为缓慢和落后。

19 世纪末 20 世纪初，在现代艺术、建筑发展的影响下，在艺术运动思潮的推动下，园林开始逐渐从传统园林向现代园林过渡。

（二）现代园林的发展

1. 西方现代园林的发展

（1）19 世纪美国城市公园　19 世纪下半叶以来，由于移民的涌入，美国人口急剧增加，城市发展迅速，城市环境也开始恶化。为了解决城市环境问题，美国政府建设了大量的城市公园（图 3-4-2）。

▶ 图 3-4-2　美国城市公园

（2）1925 年巴黎的"国际现代工艺美术展"　该展览中出现了许多创新的园林形式，对园林设计领域的观念转变和发展起到了重要的推动作用，开启了现代园林设计的新局面。

（3）美国斯蒂尔（Fletcher Steele）对现代园林的探索　19 世纪 20 年代，受法国装饰庭院的影响，斯蒂尔将近代欧洲园林设计理论引入美国，极大地推动了美国园林领域的现代主义进程。

（4）英国唐纳德（Christopher Tunnard）对现代园林的研究　1938 年，唐纳德完成的《现代景观中的园林》一书，为现代园林的设计提供了理论和方法。

（5）哈佛革命　20 世纪 30 年代末至 40 年代初，爆发了以丹·凯利、埃克博和罗斯三人为首的"哈佛革命"，使园林彻底摆脱了古典主义的教条，这标志着现代主义园林的真正诞生。图 3-4-3 ～图 3-4-5 分别为三人园林作品。

图 3-4-3　丹·凯利作品　◀

图 3-4-4　埃克博作品　◀

▶ 图 3-4-5 罗斯作品

2. 中国现代园林的发展

我国现代园林大致可以划分为三个阶段，第一阶段为 1840 年以后的清朝末年，第二阶段为民国时期，第三阶段为新中国成立至今。下面讲述新中国成立后现代园林的发展概况。

（1）起步时期（1949～1952 年） 1949 年 10 月新中国成立，百废待兴，园林建设包括对古典园林的修复和新建园林绿地两方面。但是由于当时经济水平低，对园林绿地的建设并不多，因此园林建设处于起步阶段（图 3-4-6）。

（2）建设时期（1953～1957 年） 1953 年到 1957 年为我国第一个国民经济发展五年计划时期，各行各业进入了有计划、有步骤的发展阶段。园林绿化作为城市建设的重要组成部分受到重视，并随着国民经济的恢复，国家加大了对园林绿化建设方面的投资力度，步入了园林绿化发展建设时期（图 3-4-7）。

图 3-4-6　北京陶然亭公园 ◀

图 3-4-7　北京紫竹院公园 ◀

（3）调整时期（1958 ～ 1977 年）　这个时期的国民经济建设较为缓慢，因此国家压缩了在基础建设方面的投资，实行"调整、巩固、充实、提高"的方针政策，从而使园林建设进入了调整阶段（图 3-4-8）。

▶ 图 3-4-8　南京莫愁湖公园

（4）近期（1978 年至今）　中国园林艺术家对中国传统园林与国外园林艺术进行深入研究，提炼出中国园林文化的本土特征与西方园林文化的精髓，找出"自然"与"理性"的契合点，在尊重中国古典园林造诣的基础上，合理而科学地汲取国外园林表现形式，在现代文明和传统文化完美结合的基础上，努力寻求一种既不同于传统文化，又不失传统园林文化精髓的现代园林设计创意理念（图 3-4-9）。

二、中国现代园林设计特征与审美

中国现代园林基本上沿袭了中国古典园林的设计思想，集皇家气势和私家幽美于一体，并且本着为人民服务的原则进行设计，更能体现中华民族特色。中国现代园林有着高超的艺术手法与先进的美学思想，它将自然山水、花草树木移入有限的空间中，通过总体布局、庭院组合、山石构筑、道路设计、植物配置，再现自然风光之美。

图 3-4-9　宿迁三台山森林公园 ◀

（一）传统材料的继承与扬弃

传统材料是指古典园林中较常用的、沿袭下来的材料，如石头、水、泥土、植物等。这些再平常不过的材料，不仅在现代园林中依然有着旺盛的生命力，而且在园林中的应用也越来越广泛（图 3-4-10）。但随着钢筋、混凝土等现代工程材料的出现，园林中作为结构工程材料使用的石材逐渐减少（图 3-4-11）。

图 3-4-10　贵港棕榈园小道 ◀

▶ 图 3-4-11　钢筋花架

（二）新材料、新工艺的不断涌现

园林中的新材料主要有彩釉砖、无釉砖、劈离砖、麻面砖、玻化砖、渗化砖、陶瓷锦砖、陶瓷壁画以及琉璃制品等。琉璃瓦自古以来就是园林建筑、构筑物的优良装饰材料。值得一提的是，现代开发的陶瓷透水砖，下雨时可使雨水迅速渗入地下，能增加地下水含量，调节空气湿度，净化空气，对缺水地区尤为可贵。混凝土也以其良好的可塑性和经济实用的优点而受到各界建设者的青睐。例如，用于装饰路面的彩色混凝土可以更好地美化环境（图 3-4-12）。

（三）理念和手法的继承与发展

1. 天人合一的自然理念

大自然是景观设计取之不竭的源泉。中国传统园林所追求的"天人合一"理念，就是寻求人与自然的和谐共处。自然是中国园林的核心和精髓。所谓"虽由人作，宛自天开"就是造园要根据自然界的客观规律，以自然景物为主体，更要强调人们对自然的深刻理解和艺术再现。这非常贴近国际现代风景园林设计的发展趋势，显示出人类认知的国际一体化趋势。

图 3-4-12　彩色混凝土铺装 ◀

2. 因地制宜的景观特色

充分利用地域自然景观和人文景观资源，展现地域自然和文化特色，是风景园林设计的要点之一。对地域景观进行深入研究，因地制宜地创造园林景观，是现代风景园林设计的前提，也是体现其景观特色的要点。但关键在于继承因地制宜的思想，而不是造园形式本身。

3. 巧于因借的园林整体

中国传统园林依托自然山水，通过借景、隐喻等手段，将园林景物与周围的景观联系起来，扩大空间效果，使各个空间相互渗透、呼应，形成一个整体。现代园林设计也要求以视野空间为设计范围，以地平线为空间参照，强调园林设计与地域环境的融合，这与传统园林追求无限外延的空间是一致的。

4. 小中见大的视觉效果

中国传统园林在较小的空间中，依靠对比突出空间的立体感，增强空间的深远效果，利用环形游览线形成分散的观景点，避免过于突兀，利用山水和屋顶提升景观视野，将人的视线引向天空等，以达到扩大空间感的目的。这对现代景观设计有一定的启发。

5. 舒适宜人的环境塑造

园林是人类追求理想居住环境的产物，营造更加舒适宜人的小气候环境是享受园林生活乐趣的前提。园林的叠山理水、植物配置、亭台搭建，都在很大程度上考虑到如何利用自然气候条件，来营造舒适宜人的园林小气候环境。在现代园林设计中，影响人体舒适度的光影、气流、温度、湿度等气候因素也是非常重要的设计依据。

6. 循序渐进的空间格局

在人工环境与自然环境之间营造过渡空间，是园林设计常用的手法。中国现代园林大多建在城市环境中，需要在人工与自然之间创造一系列过渡空间，如庭园或园中园等形式，起到衔接和过渡的作用。因此，园林被划分为一系列形状各异、规模各异、主题连续的空间，但又相互联系密切。

三、西方现代园林设计特征与审美

1. 承认"人造"

现代主义园林设计强调自然空间由人创造，虽然利用了自然，但并不是克隆自然，而是以自然为装饰，通过一定的方法创造出属于人类自身的活动空间。

2. 以开放平面取代线性序列

现代主义设计将有序列、有边界的空间概念转化为传统的空间，打破了重构古典形式。其表现手法就是空间上的相对孤立，使其独自形成一个主体，其形状与图案通常就使用相对简单的几何图形，同时，不对称图形也开始更加流行，线与空间的组合更加自由。

3. 反对复兴风格

对于现代主义而言，中央广场、林荫道等一些经典形式的园林设计风格已经不可行，一些人开始反对设计公式化，并且喜欢研究形态学。

4. 将场地分析作为一项设计决策

在20世纪50年代中期，哈克特、麦克哈格、科拉克以及他们的追随者将一些科学知识用于环境分析，他们认为之前的一些艺术不够科学，他们觉得对于人来说，一个人性化的生态设计要好于一个原本理想的平面布局。

5. 注重尺度范围的设计

现代主义园林设计更加注重尺度大小，无论是公园还是休闲场所，如今设计的规模都越来越大，园林设计需要各类工种的人一起完成，需要园林设计师有较高的科学素质。

6. 偏好以模型代替绘图

西方传统园林设计大多是一种二维平面化的设计，强调平面的图案化特征；而现代景观设计是注重创造一个三维空间的环境体验，使用模型推敲设计，能更加准确地反映设计意图。模型真实、直观，许多风景园林师自己制作模型用以推敲表达方案。罗思顿把一个大的模型盒与一个转盘座焊在一起，使学生能从模型的正常视线高度去看他们的设计。"我不知道还有什么别的学习空间的方法，"罗思顿说，"通过做模型，我们能够研究不同的尺度、纹理和透明度。"

【本章知识结构图】

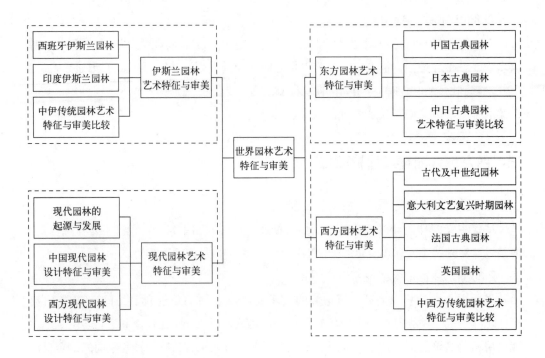

【课程思政教学案例】

1. 思政元素

继承传统园林精华，发扬中国特色，激发爱国热情。

2. 案例介绍

中国园林对世界的影响

中国园林在漫长的发展历史中，以其博大精深的艺术造诣、独特的艺术形式、精湛的造园技艺和精益求精的追求，形成了具有鲜明中国特色的园林文化。同时，园林文化与戏曲、建筑、诗词、楹联、书法、绘画等多种文化形式相互交融、相互促进，营造出亲近自然、和谐美好的中华文化空间。

中国园林对世界各地的造园技术、园林形式等起到了启示作用。日本的枯山水园林和英国的自然风景式园林都受到中国园林的影响。《园林艺术原理》教材包含中外园林的渊源、思想的异同、世界三大园林体系等内容，除了可以帮助学生掌握专业知识外，还能帮助他们开阔国际视野，增强文化自信，使学生对中国园林文化的价值和园林文化的生命力充满信心，自觉参与园林文化建设实践。同时培养学生对园林文化建设的责任感、使命感和担当精神。

【练习题】

1. 名词解释

人工山水园；天然山水园。

2. 问答题

（1）东方园林、西方园林和伊斯兰园林并称为世界三大造园体系，浅析伊斯兰园林对西班牙园林的影响。

（2）简述现代园林的特征及发展方向。

第四章
园林造景艺术与美感创造

扫码获取第四章彩图

【本章概要】本章介绍了园林造景的主要艺术手法，列举其在中国古典园林中的应用范例。同时介绍园林艺术中的美感是如何通过一定的技术手段创造出来的，并对经典的现代美学方程式和形式美法则作主要阐述。最后引申出其他相关的美学设计原理，以及其在实际园林设计中的应用。本章旨在明确美感的形式与内容必须协调统一，揭示出形式服务于内容的园林艺术真谛，用富有美感的园林景观来表达园林艺术的主旨。

【课程思政】学习中国古典园林中精致繁复的造景手法，有助于培养学生一丝不苟、精益求精的工匠精神，并教育学生对待美的事物不仅需要用感性体会，更需要仔细分析其内在规律，探究和总结相应的原理。通过学习设计学、美学、生态学、心理学的部分内容，培养学生跨专业学习的能力和终身学习的信念。

第一节　园林造景艺术

一、主景与配景

（一）主景

又叫中景，最易体现园林的功能，在艺术上富有很强的感染力。

（二）配景

包括前景和背景。前景起着丰富主题的作用；背景在主景后面，比较简洁、朴素，起到烘托主景的作用。

（三）突出主景的方法

1.主体升高

用基座把主体抬高，在竖向上突出主景（图4-1-1）。

▶ 图4-1-1 项王故里门前雕塑

2.利用景观轴线和风景视线焦点

轴线的终点或几条轴线的交点往往具有很强的表现力（图4-1-2）。

3.运用动势向心进行周边式围合

这类景观主要出现在宽阔的水域或群山环抱的盆地型空间中（图4-1-3）。在自然园林中，山林环绕的森林空地也呈动势向心式布置。

4.构图重心

普通园林的主景常置于几何重心（对称），而自然式园林的主景则置于自然重心（不对称，但平衡）（图4-1-4）。

图 4-1-2　凡尔赛宫喷泉雕塑　◂

图 4-1-3　城市住宅小区楼盘环绕的景观设计岛　◂

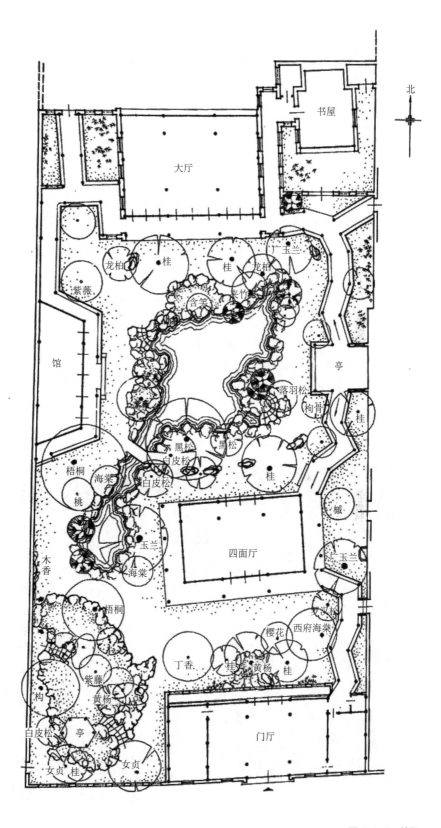

北

书屋

大厅

紫薇
龙柏
桂
桂
龙柏
广玉兰
夹竹桃
含笑

馆

落羽松
枸骨
桂
亭

梧桐
海棠
桃
白皮松
黑松
黑松
白皮松
桂
槭

木香
玉兰
海棠
四面厅
玉兰

梧桐
紫藤
黄杨
丁香
桂
黄杨
桂
樱花
西府海棠

枸
白皮松
亭
女贞
桂
女贞
门厅

▶ 图 4-1-4 鹤园

5. 渐变法

园内由低到高渐升，由次景到主景，采用渐变法布置出引人入胜的景观。

此外，园林要素的色彩、体量、形态、质地等也都具有强调主景的作用。

二、抑景与扬景

在传统园林中，历来有先抑后扬的做法。通过设置障碍物、对比视图和分隔场景，引导游客穿过封闭、半封闭、开敞、半开敞，以及明暗交替的空间，继而进入开放的园林空间，比如苏州留园。也可以利用建筑、地形、植物和假山台阶，在入口区构建一个障景的小空间，使游人通过蜿蜒通道逐渐进入开阔空间，如北京颐和园。

（一）隔景

隔景是将园林划分为不同的景区，营造具有不同空间效果的景观。山石、实墙和公共建筑等能阻断视线的，称为实隔；空廊、花架、地被、水面和漏窗，虽然创造了一种边界感，但仍能保持不同空间的联系，称为虚隔；树木、桥梁、林带等往往可以营造出景物若隐若现的效果，称为虚实隔。

我国古典园林以实隔为主，即使虚隔也多用廊、窗等建筑素材，使得建筑存在感强（图 4-1-5）。现代园林在空间划分上要注意植物材料的运用。

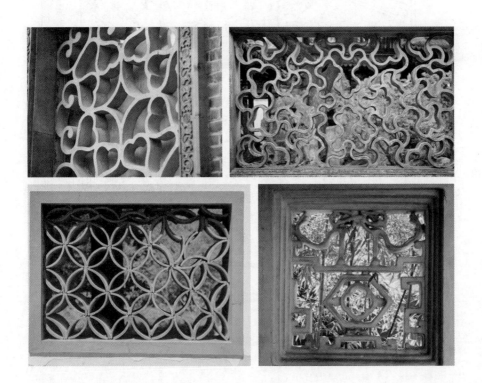

图 4-1-5　中国漏窗艺术　◀

（二）对景

在园林中，登上亭、台、楼、阁、榭，可观赏堂、桥、廊等，而在堂、桥、廊等处又可观赏亭、台、楼、阁、榭，这种从甲观赏点观赏乙观赏点，从乙观赏点观赏甲观赏点的方法（或构景方法），叫对景（图4-1-6）。

▶ 图4-1-6　拙政园与谁同坐轩和卅六鸳鸯馆

（三）障景

"境贵乎深，不曲不深。"要达到"曲"的效果，就要安排能遮掩人的视线、引导游人的景物 —— 障景。障景在中国古典园林里应用得十分普遍。

障景的高度要高过人的视线，影壁是园林建筑里常用的障景材料，山、树丛因能形成不对称构图，也常在园林里作为障景应用（图4-1-7）。

三、实景与虚景

景观的清晰与模糊可以通过园林植物或建筑景观的空间围合来营造，并通过虚实对比、虚实交替、虚实过度创造丰富的视觉感受。例如：实体围墙和没有门窗的建筑为实

图 4-1-7 宿迁洪泽湖湿地入口标识组成障景 ◂

（图4-1-8），门窗较多或开敞的亭廊为虚（图4-1-9）；植物群落栽植密集为实，疏林草地为虚；山体为实，水体为虚；喷泉中的水柱为实，喷雾为虚；园中山峦为实，林木为虚；晴天观景为实，烟雾中观景为虚，即朦胧美、烟景美。所以虚实乃相对而言。

图 4-1-8 苏州博物馆 ◂

▶ 图 4-1-9　北京颐和园亭廊

四、夹景与框景

在人的视线两侧放置障碍物进行左右两边夹峙，形成夹景（图 4-1-10、图 4-1-11）。景的四面围框，形成框景（图 4-1-12）。从框景中做出含蓄、丰富的变化，借助窗栏和树枝营造出似隔非隔、若隐若现的效果，这叫漏景。

▶ 图 4-1-10　规则式园林夹景

图 4-1-11 自然式园林夹景 ◀

图 4-1-12 上海醉白池公园的框景 ◀

五、前景与背景

任何园林空间都由各种景观元素组成。为了强调一个重要的景物，通常将其居中放置，背景是它后面或周围的景物，如墙壁、山石、树丛、草地、天空、水面等。可以利用色彩、体量、质感、虚实感等因素衬托主景（图4-1-13），强调主景的景观效果。如白色雕塑以深绿色林木为背景，一片春梅或碧桃以松柏林或竹林为背景，一片红叶林用灰色近山和蓝紫色远山做背景，都是利用背景来突出表现前景的手法。

并非所有前景都是主景，那些处于次要地位的前景常称为添景，它们位于主景前面，用以使主景前面景色平淡地方的层次丰富起来，是不可以喧宾夺主的。

▶ 图 4-1-13　主景雕塑及其背景

六、俯景与仰景

风景园林利用改变建筑、地形高低的方法，改变游人视点的位置，使之出现各种仰视或俯视的视觉效果。如创造峡谷迫使游人仰视山崖而得到高耸感，创造制高点给人俯视机会以产生凌空感，从而达到小中见大、大中见小的视觉效果。

七、内景与借景

（一）内景
主要观看园林内部或建筑内部空间的为内景，而作为外部观赏的景观为外景。

（二）借景
园林是有一定范围的，造景也会有一定的限度。造园者有意识地将游人的视线引向外界，获取园外景观信息，取得事半功倍的园林景观效果，这种方法即为借景。园外若有与园内景物风格一致的，而且是可以看到影像轮廓又无其他遮挡的，可在园林布局上留出观赏视线，将景色纳入园中。

借景的关键在于"精"与"巧"，主要手法可分为以下几种。

1. 远借
借园外远景，如颐和园远借玉泉山，拙政园远借北寺塔（图4-1-14）。园外借景通常需要有一定的高度，以免被园墙、树木、山石遮挡。有时，为了弥补这一不足，园中往往会架起高台或建筑物。

图4-1-14　拙政园远借北寺塔　◄

2. 近借

近借可将园林周围的景观带入游人的视野。近处借景对景观高度没有严格要求，低处也可借景，如沧浪亭临水设复廊就是一例。

3. 仰借

以园外高景为借景，如北海借景山万春亭。仰借视角过大时易使人产生疲劳感，附近应有休息设施。

4. 俯借

由高向低借景，如万春亭借北海内的景物，六和塔借钱塘江水景。由于观赏俯借之景时，人站在高处，故应设铁索、护栏、墙壁等保护性设施。

5. 借香

香味是中国古典园林中常用的借景对象，随季节、时令、天气变化而借景不同的香味，能使景观蕴涵不同的意境内涵。如拙政园远香堂借荷花之香（香远益清）。

6. 借虚

所谓"借虚"是指借助虚空中的元素，如光影、声音、风等客观存在的自然现象。造园家运用这些人触摸不到，却能通过心灵感知的元素，使园林充分展现出人们的思想与审美情趣。如拙政园听雨轩中就是借雨声。

7. 借古

"江山也要文人捧，堤柳而今尚姓苏。"中国园林历来是自然与人文的结合，两者缺一不可。如关于苏州虎丘、杭州灵隐寺山等景观的传说，吸引着世世代代的人们前来观光探询。

第二节　园林美感创造

一、美感

审美活动的主体和客体分别是审美者和被审美对象。所谓"美感"，就是审美主体（人）对客观存在的审美对象的心理感受。

（一）美感的基本要素

人们在接触美的事物时，往往无需进行认真反思、逻辑推理、理论阐述，就能直接感受到事物的美。美感是综合性的，对园林之美的欣赏也不例外，如人们常说的"鸟语花香"，是听觉和嗅觉综合的感受。心理学等学科一般认为，感觉、知觉、联想、情感和思维是美感所必需的基本要素。

1. 感觉

感觉是人类一切认知活动的基础，也是美感形成的基础。审美主体只有通过感觉来掌握与审美客体有关的各种信息，才能产生审美感受。

视觉和听觉是审美活动的两大主要感觉，构成"耳知声，目知形"。如西湖十景的柳浪闻莺和南屏晚钟，就是以听觉审美为主的景观。

2. 知觉

人们的美感总是以知觉的形式反映客观事物，客观事物作为一个整体反映在审美主体的意识中。人的审美感知不是对客观对象（客体）的被动生理反应，而是对客观对象（客体）的能动心理反应。

3. 联想

客观事物总是相互关联的。当具有各种联系的客观事物反映在人们的脑海中时，就会形成各种联想。联想是审美体验中最常见的心理现象之一。

类比联想是对某一事物的感受引起与其性质或形式相似的事物的联想。如莲之高洁、菊之清高、兰之超逸、梅之傲骨等（图4-2-1、图4-2-2）。

图4-2-1 莲之高洁 ◀

▶ 图 4-2-2 梅之傲骨

4. 情感

情感是人对客观现实的一种特殊反映，是人对客观事物是否满足自己需要而产生的态度体验。健康、高尚的情感，对审美具有积极的意义。审美中"情"与"景"的关系，是古今评价艺术作品艺术性的重要标准。

5. 思维

思维是基于感觉、知觉等感性信息的理性认知活动。它不是反映客观事物的个体特征和外在联系，而是反映客观事物的内在联系。艺术思维就是将许多个体和特殊的感官材料汇集、综合、概括成典型的形象，揭示事物的本质属性，并借助创造性的想象重现为感性的形象世界。

每个人的出发点和审美观是不同的。分析审美感知的不同要素，有助于找出审美感知差异的原因。

（二）美感的特性

1. 美感的共同性

不同时代、民族等的审美主体，仍可能对同一审美对象有相似或相近的审美感受，这就是美感的共性。

有些审美对象本身没有或少有民族、时代的差异，如自然美、形式美。对于审美主体来说，即使处于不同的环境，但由于生活在同一时代或属于同一民族，他们仍然可以有一些共同的审美趣味、习惯和理想。

2. 美感的自然性

园林的美来源于自然之美。一些自然景观未经人为加工就可以吸引无数游客，给他们带来美感，例如，钱塘江的汹涌潮汐、泰山顶的日出、九寨沟的溪水、黄果树的飞瀑等，都是大自然造就的美景。

3. 美感的愉悦性

从美感的产生过程来看，美感总是感性的、愉悦的。车尔尼雪夫斯基说过，美感的主要特征是一种赏心悦目的快感。当然，很多审美对象都能给人带来欢乐和愉悦，比如悠扬的音乐、动人的戏剧、优雅的字画、怡人的风景……无论是何种对象，只要可以让人们感到美，就能为人们带来欢乐和愉悦。

4. 美感的直觉性

美感的直觉性有两层含义。

其一，它指的是感受的直接性、直观性。换言之，审美过程始终体现在具体、直接的感受中。一件艺术作品，无论是通过图像还是声音，总是率先影响我们的直接感知，而非内在思维。当我们欣赏一幅画时，它的形状和颜色可能会直接打动我们，并不一定需要了解其深刻的含义。听一首歌，我们可能根本不理解歌词的内涵，但它悠扬的旋律却依然能让我们着迷。人没有直觉就无法欣赏美。

其二，美感的直觉性也指美的创造过程的直接性和直观性。人们在创造美的过程中，不需要对审美对象进行过多的分析，也不需要等待理论家提供充分的理由后才开始创造。

5. 美感的想象性

即人们通过形象思维，将眼前所见、所思所想和过去所见所闻联系组合，构成许多美感的想象，或因而写诗、作画，或形成美好的回忆。想象的范围十分广泛，如把柳枝想成细腰，以柳叶比喻眉毛，认为飞雪如开放的梨花等。

6. 美感的时代性

审美观念随时代不同而变化，使美感具有浓重的时代性。夏商周历时一千多年的奴隶社会，将狩猎与简单的农耕生活交织在一起，因此人们的装饰品以兽角、兽牙为美，帝王在"灵囿""灵沼"游乐也是取乐于动物。可见依靠狩猎、农耕为生的时代，人们对欣赏动物也很有兴趣，因此动物就成为当时的主要审美对象，这与当时的时代特点有密切关系。

（三）园林美的特性

1. 多样性

从内容和形式的风格看，园林体现了时代和民族的特点，使园林美呈现出丰富多彩的特性。园林的艺术风格因时代、民族、地域、环境等因素而异，也因造园者的社会实践、审美意识、审美体验、审美表现、审美想象、审美理想、审美情趣而异。各式各样的园林绚丽多彩，美不胜收，园林之美妙不可言。

2. 综合性

园林美不仅包括树石、山水、花草、亭台楼阁等物质因素，还包括人文、历史等社会因素，是一种高层次的综合艺术美。

3. 阶段性

园林艺术不同于其他艺术，其审美对象除普通材料外，还有各类生物，即花草树木、飞禽走兽等，它们使整个园林艺术充满生机。这些有生命的审美对象有生长、变化、成熟和衰老的过程，它们在不同的生长阶段都有其特殊的审美属性，因此，园林艺术是有阶段性的。

二、园林形式美的法则

园林形式美的法则是人们在长期社会实践中，通过塑造景观来营造优美的环境，逐渐在形式中发现的一些与美相关的规律。

（一）多样与统一

多样与统一，即统一与变化相辅相成的辩证关系。世界上任何造型艺术，包括景观设计，都由许多不同的部分组成，这些部分既不同又相互联系。只有当这些部分按照一定的规律有机地组合成一个整体时，我们才能从部分的差异中看到统一和变化，从部分之间的联系和影响中看出它们之间的协调和秩序感。

（二）对比与调和

在园林景观设计布局中，各园林景观元素之间存在着差异，在创作画面时，要充分了解不同设计元素的特点，尽量减少差异，使之协调。园林景观设计的静态构图有主景和背景，当突出主景时，背景以自身调和的方式衬托主景，从而使画面统一。

园林中可以从许多方面形成对比，如体形、体量、方向、开合、明暗、虚实、色彩、质感等，都能在造园者的设计下形成园景的对比，但是，对比的手法却不能使用过多。对比的作用一般是为了突出表现某一个景点或景观，使之鲜明、显著，引人注目（图 4-2-3）。下面介绍 7 种常用的对比手法。

1. 烘托的对比手法

用植物烘托植物容易得到较好的效果。中国古诗中所谓"万绿丛中一点红"的意境是容易做到的，以常绿树作背景衬托前景，体形、色彩均能产生对比，效果很好（图 4-2-4）。

2. 优势的对比手法

采用对比的场合，被突出的景物常称主景，充当配角用来突出主景的景物常称为配景，这二者必定要有一方占有绝对的优势，或较为突出，才能获得对比的效果（图 4-2-5）。

图 4-2-3 杜鹃花作主景 ◀

图 4-2-4 常绿树前的一抹红 ◀

▶　图4-2-5　建筑具明显优势，与周围形成对比

3. 山水结合的对比手法

山势高耸是垂直方向，水面平坦是水平方向，山水结合形成方向的对比（图4-2-6）。

▶　图4-2-6　玉泉山倒影映入昆明湖形成对比

4. 大小面积的对比手法

大园开敞、通透、深远、磅礴，小园封闭、亲切、细巧、曲折，如大园中套接小园，能使游人产生新奇的感觉，如在颐和园中建立谐趣园所形成的对比效果，很受人们称赞。

5. 明暗的对比手法

造园家改造一个林地最好的办法是开辟林间隙地，那里像天窗一样，能使暗中有明，形成明暗对比，非常引人入胜。草坪上阳光充沛，上面点缀一些疏林，形成明中有暗的效果，也是对比的好方法（图4-2-7）。

图4-2-7　草坪上阳光和树荫的明暗对比　◀

6. 水中建岛的对比手法

水的利用是中国山水园的精华，水陆之间存在许多方面的对比，尤其水中建岛的手法更是历史悠久（图4-2-8）。岛上建阁之景如同缥缈的仙境，游人隔水欣赏，心情悠然远逸，如果越水入岛，如同与世隔绝，都是一种意境上的对比，非常引人入胜。

7. 背景的对比手法

古诗上所谓"杂树映朱阑""青嶂插雕梁"，说明了背景如果安排适当，是造园中对比效果最为明显的手法（图4-2-9）。

（三）韵律与节奏

韵律与节奏一般于韵律起伏的变化规律中抽象出韵律之美，进而运用到景观设计中，如均等的韵律、交替的韵律、渐变的韵律、交错的韵律和旋转的韵律（图4-2-10）。

▶ 图 4-2-8　三潭印月岛

▶ 图 4-2-9　背景的对比

图 4-2-10 北京大学图书馆立面 ◀

节奏是基础，韵律是深化。节奏是以统一为主的重复变化，韵律是以变化为主的多样统一。主要介绍以下 5 种韵律。

（1）简单韵律　同种因素等距反复出现。如行道树、等高等宽的阶梯等。

（2）交替韵律　两种以上因素等距反复出现。如两种树种的行道树或两种不同的花坛交替等距排列，一段踏步与一段平台交替等。

（3）渐变韵律　使某些造园要素在体量大小、高矮宽窄、色彩浓淡等方面作有规律的变化，以造成统一和谐的韵律感。

（4）交错韵律　是指在构图中，运用各种造型因素，如体型的大小，空间的虚实，细部的疏密等，作有规律的纵横交错、相互穿插的处理，形成一种丰富的韵律感（图 4-2-11）。例如西班牙巴塞罗那国际博览会中的德国馆，无论是空间布局还是形体组合，在交错韵律的应用上都是非常突出的。

（5）季相韵律　同样的树木组合，其四季的景观特征不同，形成园景的"季相韵律"。

在实际的园林景观设计中，我们不仅注重运用上述法则，还要兼顾尺度与比例（黄金比例）、均衡与稳定的法则。

总结景观设计美学所采用的原理是困难的，因此应从景观设计的基本要素研究入手，先考察美学原理，再从"形"入"神"，形成景观设计美学研究体系。

▶ 图 4-2-11 栏柱与植物的韵律变化

三、其他美感创造的原理

（一）色彩美学原理

1. 色彩在园林景观设计中的运用价值

首先，在影响人们视觉效果的元素中最直接的是色彩。不同的色彩组合可以给人以不同的视觉效果。使用暖色会产生一定的扩散感，给人带来温暖的感觉；冷色调可以让人感到平静和放松，体现出一种深沉的空间感和开放感。景观设计中色彩的巧妙运用，可以提升景观的整体美感和内涵。

其次，在景观设计中，整体环境由水体、植物、建筑等元素构成，其中色彩的合理组合与融合非常重要。人们在日常生活的园林景观中也能看到这样的场景，比如在绿色的草坪上设计一丛对比鲜明的红色花朵，不仅能让暖色在冷色调中显得更加醒目，也能给人带来强烈的视觉冲击。

最后，颜色对人的情绪影响很大。正确使用颜色会对人们的情绪产生积极的影响。景观设计中色彩的合理运用，不仅要与景观设计的总体风格相匹配，还要与该地区人们的生活、工作，以及城市环境和氛围相联系。

2. 植物色彩的搭配原则

（1）完整性原则　景观绿化设计一般由乔木、灌木和地被植物等元素组成，通过植物高度、线条粗细、色彩和质感来配置和勾勒出一幅优美动人的生态画卷。在确定主色调的前提下，要少量点缀色彩相配的植物，使画面更加完整、有节奏感，有一定的规律可循，展现自然之美。

（2）平衡性原则　在色彩搭配中，如果互补色面积大小一致，容易造成色彩失衡，大大降低美感。高亮度植物的面积应小于低亮度植物的面积，以达到色彩平衡的效果。

3. 园林植物不同观赏部位的色彩运用

（1）叶色的运用　千变万化的景观和生动的视觉效果大都来自彩叶植物的合理配置和应用。单一的绿叶很容易引起视觉疲劳和审美疲劳，所以有必要用不同颜色的叶子营造不同的感受。观叶植物通常有三种类型：春色叶植物、秋色叶植物和常绿植物。五角枫属于春色叶植物。春色叶植物的特点是在春天长出嫩叶，但颜色不同。银杏和黄栌是秋色叶植物。秋色叶植物的特点是秋季叶变色，一般在初霜过后，树叶的颜色开始发生变化。最后是常绿植物，如香樟。另外，一些植物的叶色一年四季都不一样。合理、巧妙地利用植物不同的叶色，能够营造出色彩斑斓的景观（图4-2-12）。

图4-2-12　秋色叶树种的运用 ◀

（2）花色的运用　花色是植物色彩中变化最多的一种，它能极大地吸引人们的注意力。将不同花期的植物相组合，可以使园林空间一年四季绚丽多彩。因此，巧妙地配置花草，使其色彩搭配丰富、和谐，是美化园林的重要措施（图4-2-13）。

▶ 图 4-2-13 天安门广场花坛

（3）果色的运用　果实的颜色在不同的季节给人们带来不同的色彩，带来不同的视觉美感和强烈的新鲜感（图4-2-14）。在园林景观中，常用绿色背景来衬托红色果实。

▶ 图 4-2-14 冬青果与叶形成对比

4. 植物色彩的季节性运用

（1）春景中植物色彩的运用　春天充满生机、活力。因此，春季景观的主色调应该是鲜活的绿色、白色、黄色、红色、紫色等美丽的色彩（图4-2-15）。早春的颜色通常是黄色和红、粉、白色，因为这是大多数春季开花植物的颜色，如榆叶梅、迎春花、金钟花等。对于中国北方来说，早春开花植物较少，所以我们可以利用春季树木的叶色来丰富景观。

图 4-2-15 瘦西湖春景 ◀

　　（2）夏景中植物色彩的运用　　夏季是炎热的季节，在植物色彩搭配上，应以冷色调植物为主，多采用郁郁葱葱的绿色植物，给人以清新舒适的感觉，并适当点缀一些蓝色或紫色的植物，如三色堇、飞燕草、牵牛花等，都十分合宜（图4-2-16）。

图 4-2-16 个园夏景 ◀

（3）秋景中植物色彩的运用 秋天是收获的季节，因此秋季景观植物的颜色也应该与收获的主题相匹配。秋季景观要强调秋果、秋叶，注意植物颜色和果实形状的变化。可采用红色或金色叶的树种，以烘托秋天的氛围，如利用银杏、黄栌和一些槭树科植物，展现层林尽染、金叶飘落的视觉美。果实颜色应以暖红色和橙色为主，以表达秋天的丰收和希望。通过植物色彩的合理运用，为秋天增添几分浪漫气息（图 4-2-17）。

▶ **图 4-2-17 爱晚亭秋景**

（4）冬景中植物色彩的运用 冬天是一个恢复的时期，多数植物失去鲜艳的色彩，等待下一个春天的绽放，所以此时植物的颜色比较单一，尤其是常绿植物和旱生植物，常绿植物大多是比较深的绿色，这已经成为冬天的基本色。此外，许多落叶植物此时会展露出枝条的颜色，如白桦、红瑞木等。常绿植物与观枝植物的色彩搭配，能够营造出独特的冬季植物景观（图 4-2-18）。

（5）植物色彩在园林景观意境中的运用 园林的意境很大程度上取决于植物的体量、密度、色彩、质感、姿态，其中色彩尤其重要。不同形态、不同色彩的植物犹如挥毫泼墨时的不同用笔，虚实相交、分层而置，加之不同的配置组合与巧妙布局，使园林景观变成了一幅幅五彩缤纷、意境无限的彩墨画。

图 4-2-18　白桦冬景　◀

（二）生态学原理

随着经济和社会的发展，城市的环境问题变得越来越严峻，人们开始从生态的角度寻求解决方案。城市生态园林建设对缓解城市环境压力具有关键作用。建立可持续发展的城市生态园林，促进人与自然和谐相处，是人们的必然选择。

与园林设计相关的生态学理论主要有生物多样性原理、生态位原理、互惠共生原理、生态平衡原理等。

生态学理论在园林设计中的应用主要体现在园林植物的生态效应，以生态平衡、生物多样性为依据的植物配置等。

（三）环境心理学原理

心理学是介于自然科学和社会科学之间的一门学科，它属于思维科学，研究人的行为与心理历程，分为基础心理学和应用心理学。环境心理学，又称为人类生态学或生态心理学，属于应用心理学的范畴，它研究人类的行为、心理及与其所处环境之间的相互作用和相互关系。

在风景园林设计中应用环境心理学的原理是十分有必要的。只有了解人们在不同环境中的行为特征和心理规律，才能科学、合理地营造出能满足人们不同需求的园林空间环境。

环境心理学从心理学的角度研究人及其所处环境，使环境设计最优化，并增加了风景园林中的人文关怀。

【本章知识结构图】

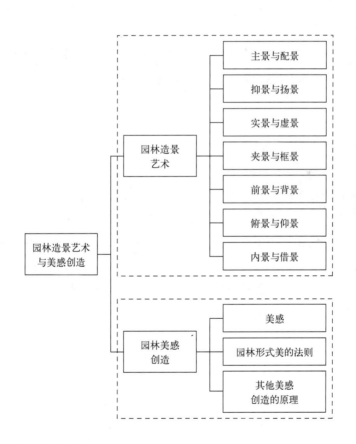

【课程思政教学案例】

1. 思政元素

学习中国古典园林中精致繁复的造景手法，有助于培养学生一丝不苟、精益求精的工匠精神。

2. 案例介绍

拙政园造景手法的运用与体现

中国古典园林有着各自的艺术特色以及文化底蕴，而苏州的拙政园被胜誉为"天下园林之典范"，因此其采用的造园手法必定匠心独运，值得借鉴。

"一步一景、移步换景"，即采用布局层次和构筑木石等方法遮障、分隔景物，使人不能一览无余。古代讲究的是景深、层次感，即所谓"曲径通幽"，层层叠叠，人在景中。

框景，即引导观者在特定位置通过框洞赏景的造景手法。利用门框、窗框、门洞、窗洞、山洞以及树木等作为框架，有选择地摄取空间景色，易于产生绘画般赏心悦目的艺术效果。

借景是中国造园艺术的传统手法。一座园林的面积和空间是有限的，为了扩大景物的深度和广度，丰富游赏的内容，除了运用多样统一、迂回曲折等造园手法外，造园者还常常运用借景的手法，收无限于有限之中。

在园林中，登上亭、台、楼、阁、榭，可观赏堂、桥、廊等景观，在堂、桥、廊等处也可观赏亭、台、楼、阁、榭，这种从甲观赏点观赏乙观赏点，从乙观赏点观赏甲观赏点的方法（或构景方法），叫对景。

漏景是从框景发展而来的。框景景色全观，漏景若隐若现、含蓄雅致。漏景可以用漏窗、漏墙、漏屏风、疏林等手法。

点景是用题咏的手法创造园林意境，多指园林建筑的名称，悬挂的楹联、匾额等，用来加强园林景观与传统文化的联系，表达造园者的人生旨趣、设计意图和艺术情感，通过寄情于物，创造一个情景交融、虚实相生的深远意境。点景在园林中有明景、写意、言志、启发、暗示、装饰等作用。江南古典园林是文人士大夫情怀的寄托，点景在其造园手法中应用最多，拙政园的点景中便蕴含着丰富的文化底蕴和哲学理念。

当风景点与远方之间没有其他中景、近景过渡时，为求主景或对景有丰富的层次感，加强远景的景深和感染力，常做添景处理。添景可用建筑的一角、树木花卉等，丰富园林的空间构图效果。

【练习题】

1. 名词解释

主景；配景；欲扬先抑；隔景；对景；障景；夹景；框景；前景；背景；内景；借景。

2. 问答题

（1）简述突出主景的方法。

（2）简述园林美感的创造方法。

（3）简述形式美基本法则在园林中的运用。

扫码获取第五章彩图

第五章
园林要素艺术处理

【本章概要】本章介绍了园林要素布局与创作技巧，以及地形、水景、植物、铺装与建筑物等景观要素的类型、特征、功能与设计处理方法。通过结合案例讲解阐述，能够让学生掌握并理解各种园林景观要素的特征、作用与规划设计要点，并运用于今后的设计实践。

【课程思政】假山石、水景、建筑等景观要素规划布局中体现的传统文化精神与深层次寓意，植物造景中生态原理的体现。

第一节　园林要素布置原理与技巧

一、选址布局

（一）选址

在《园冶·相地》中把造园地分为山林地、城市地、村庄地、郊野地、傍宅地、江湖地六种类型，尤以山林地、村庄地、郊野地最能体现造园理论的环境景观要求。"自然山林，平岗山坳，丘陵多树"，为最理想的造园基址（图 5-1-1）。

园林选址地都讲究利用天然环境，山环水绕，幽曲有情，能体现"自成天然之趣，不烦人事之工"的园林景观特点，这正与中国传统文化中所极力追求的理想环境相一致。如北京西北郊的三山五园与避暑山庄，便是山林、湖沼、平原兼备的典范，有利于造景的展开与布置，以及景区的划分（图 5-1-2 ～图 5-1-4）。

图 5-1-1　造园最适宜地形 ◀
平岗小坂、山林野地

图 5-1-2　香山 ◀

▶ 图 5-1-3 玉泉山

▶ 图 5-1-4 避暑山庄（一）

（二）布局

1.布局原则

一是造园之始，意在笔先。根据园林性质与设计意图，确定指导思想，进行构思与安排，方能展开规划设计。如皇家园林注重体现皇室权威，布局严谨对称；寺观园林追求普度众生、超凡脱俗，注重与自然环境融为一体；私家园林则注重摹移缩放与再现自然，体现淡泊宁静的情趣（图 5-1-5）。

图 5-1-5 皇家园林与寺观园林的布局 ◀

二是相地合宜，构园得体。古今中外，凡造园林，必按地形、地势、地貌实际情况，考虑园林的性质、规模，构思其艺术特征与园景结构。《园冶·相地》中提出，无论方向及高低，只要"涉门成趣"即可"得景随形"，认为"园地唯山林最胜"，故而多用山林、丘陵创造曲折幽雅、丰富多彩的园林胜景。

在如何构园得体方面，《园冶》有一段精辟的论述，"约十亩之基，须开池者三，曲折有情，疏源正可；余七分之地，为垒土者四"，这种水、陆、山的用地比例确有其参考价值。园林布局首先要进行地形及竖向控制，只有水陆比例合宜，才有可能创造好的生态环境。城乡风景园林应以绿化空间为主，并有地形起伏与自然水体，从而达到山因水活、山水相宜的境地。总之，只有相地构园，才能合宜得体，若"非其地而强为地"，结果是"虽百般精巧，却终不相宜"。

典型的有因水成景的圆明园，其造景大部分是以水为题，因水成趣，用人工造的山水地貌作为园林骨架，大大小小的湖面通过回环萦流的河道连接。现代园林中的哈尔滨群力湿地，以原有地形与水域为基础，创造出集休憩观景、生态修复于一体的湿地公园。在利用好原有地形、水域、植物的基础上，保留了自然野趣，布置了供游人活动与观赏的设施。

三是虽由人作，宛自天开。纵览我国造园的范例，巧就巧在顺应天然之理、自然之规，即遵循客观规律，符合自然秩序，布局顺理成章。这种规律表现在具体造景手法中，便是《园冶》中论造山者"峭壁贵于直立，悬崖使其后坚""信足疑无别境，举头自有深情"。又如理水，事先要"疏源之去由，察水之来历"，并注意利用地形高差，营造瀑布跌水，"突出石口，泛漫而下，才如瀑布"。在水景空间处理中，可以通过建筑和绿化，将曲折的池岸加以掩映，造成池水无边的视觉假象。或筑堤架桥横断于水面，或涉水点以步石，如计成在《园冶》中所说的"疏水若为无尽，断处通桥"，可增加景深和空间层次，形成幽深感。当水面很小时，可用乱石为岸，并植以细竹野藤等，令人产生身处深邃山野之感。

古人对树木花草的厚爱，不亚于山水。为了利用植物的人格化特征创造不同的意境，常用植物题名造景。古人在植物造景中，还找到了一些规律性的配植方式，如丛植而成山林，突出植物特色，如杭州花港观鱼中的牡丹园、苏州桃花坞、闻木樨香轩，以及月季园、蔷薇谷、桃花峪、枫林晚、竹林寺、海棠坞、玉兰堂等。

如安徽池州护城河遗址公园，基于原有环境改造成的开放空间，顺应原有地形，布置有各种供观赏与亲水活动的小空间，供居民观赏游憩，并形成步移景异的效果。利用植物达到美化环境、分隔空间的作用。

2. 布局手法

一是巧于因借，精在体宜。中国造园常用"因借"手法，"因"是就地审势，"借"是借用外部景物，将其引入画面中，正所谓"极目所至，俗则屏之，嘉则收之"。这种因地、因时借景，大大延伸了有限的园林空间，例如北京颐和园远借玉泉山，无锡寄畅园仰借龙光塔，苏州拙政园远借北寺塔（报恩寺塔）（图5-1-6）。

二是欲扬先抑，柳暗花明。中国园林以含蓄有致、曲径通幽、引人入胜为特色。那如何取得引人入胜的效果呢？中国文学及画论给了很好的借鉴，如"山重水复疑无路，柳暗花明又一村""欲露先藏，欲扬先抑"等。

图 5-1-6 拙政园借景报恩寺塔 ◀

　　表现在园林布局上就是先藏后露，渐入佳境。在造园时可运用影壁、假山水景等作为入口屏障；利用绿化树丛作隔景；创造地形变化来组织空间的渐进发展；利用道路系统的曲折引进，园林景物的依次出现，以及虚实院墙的隔而不断，都可以创造引人入胜的效果，在无形中增加空间层次。如苏州留园的入口到中心景区，通过空间的分隔与转折，形成由密闭到开敞的转折对比，使游人"渐入佳境"（图 5-1-7）。

图 5-1-7 留园东部及中部的空间造景处理 ◀

苏州中航樾园庭院的设计，是在空间布局上分为溪院与水院两大部分，以抽象化的"置石"为引子引出外延曲折的水面，指示行走方向。随着水流的去向，空间逐渐由庭院的强烈围合，转为大片水面的开阔舒展，形成了由闭到合的转变。

三是起结开合，步移景异。表现在园林艺术上，就是创造不同空间，在行进中产生视点、视线、视距、视角的变化，从而达到移步换景、引人入胜的目的。风景园林是流动的游赏空间，沿途处处都有宽窄、急缓、闭敞、远近之别。如南京中山陵便是从入口开始，通过布置广场、牌坊、墓道、陵门、碑亭、石阶、祭堂和墓室、半圆围廊、半圆树林等一系列景观要素，构成起伏有致的景观序列（图5-1-8）。

▶ 图5-1-8 南京中山陵造景布局

现代综合性园林有丰富的内容、游览线路与多个出入口，因此因地制宜的景区布局、景点设置与功能分区十分必要，可效仿古典园林的收放原则，创造步移景异的效果。比如南京玄武湖，便通过景区大小、景点聚散、绿化植被疏密、自然水体收放、园路路面宽窄、园林建筑虚实等变化，引发游人心理起伏的律动感，达到步移景异、渐入佳境的效果（图5-1-9）。

图 5-1-9 南京玄武湖造景布局 ◀

四是小中见大，咫尺山林。利用对比手法，以小寓大，以少胜多，是中国画的惯用技法。李渔主张"一卷代山，一勺代水"，在不大的园林空间内，取其精华部位再现组合，创造峰峦岩洞、谷涧飞瀑之势。苏州环秀山庄就是在咫尺之境，创造山峦云涌、峭崖深谷、林木丛翠、水天环绕的典型佳作。

五是统筹全局，胸有丘壑。只有统筹兼顾，一气呵成，才能合理布局，创造一个完整的风景园林体系。对山水布局要求"山要回抱，水要萦回""山立宾主，水注往来"。如拙政园中部以远香堂为中心，北有雪香云蔚亭立于主山，南有黄石假山作为入口障景，为宾山，东有绣绮亭立于次山上，高低主次确有别。

在山水布局的同时还应明确构图中心。造园者必须从大处着眼，小处着手，以隔景划分空间，用主辅轴线、对位关系突出主景，用回游路线组织游览，建筑栽植等格调灵活、各得其所，以统一风格与序列贯穿全园。

宿迁市古黄河风光带，便是统筹全局进行布局的典型，规划设计阶段在明确景区定位的基础上，确定好各个主题景区中的主要景观元素，从而形成了完整连贯的滨水景观空间。

二、筑山理水

（一）筑山

在塑造山石景观之前，应当充分了解地形现状，如地势高低与植物分布情况。园中虽说可人工培土、掇山、叠石，但终究是不得已而为之，远不如利用原有地形。如扬州瘦西湖两岸地形皆属平岗小坂，起伏不大，但利用原有地形，加以人工改造，在阜岗处设白塔以增其高，使其起到统领全园的作用。

苏州虎丘之拥翠山庄，是一组依山势而建的院落，人工石阶与自然山石巧妙嵌接，空间有起伏、疏密的变化，视景也有高低、仰俯的变化，并且时而观园内之景，时而观园外之景，步移景换。虽建筑密度较大，但仍具有自然、古朴的气氛。

现代园林中，有张唐景观设计的长沙"山水间"，它是基于原有环境（居住区、社区公园）而建造的综合性社区公园，规划设计以原有自然环境为依托，创造了各式各样的活动空间。

（二）理水

理水应明确水流的来源、去向，做到"疏源之去由，察水之来历"。江南园林多以水为胜，此水当为有源头、有出口之活水。

如无锡寄畅园，历来以泉而闻名。该园水面占全园面积的三分之一，来自惠山脚下之二泉，经两条渠道流入园内，一为八音涧之源头小池，终日不绝，泻入湖中；另一自东南角方池中的龙头吐水，经暗管流至湖中，湖水出口在南，与惠山寺之水交汇后流走，虽然其水在园内并不循环，但它与园外水系构成大循环，形成有源头的活水。

第二节 园林地形艺术处理

一、地形类型与特征

（一）平地形

指较为平坦、呈水平状态的地形，包括有微小坡度与稳定起伏的地面。由于其缺少高度变化，故呈现相对静止的状态，成为人们聚集活动与休憩的场所。如凡尔赛宫的花坛与现代公园中的草坪、广场便是在此类地形上建造的（图5-2-1～图5-2-3）。

图 5-2-1 凡尔赛宫花坛 ◀

图 5-2-2 草坪 ◀

图 5-2-3 广场 ◀

由于平地开阔、空旷且遮挡少，故需要用景墙、植物等要素加以限定与围合。它在空间上属于外向型，因而可结合垂直方向上的景观要素形成视觉焦点，引导游览与视线。

（二）凸地形

即地形中向上隆起者，能形成环境中的制高点。常见的有丘陵、坡地、山峰与山脊，其中山峰顶端多布置建筑物或构筑物，形成焦点（图5-2-4、图5-2-5）。

▶ 图 5-2-4 山峰与瀑布 　　　　　　　　　　　　　　　　　　▶ 图 5-2-5 山坡与疏林草地

丘陵有一定的起伏变化，坡地是具有一定坡度的平缓地带，宜布置点状景物。山脊平面上呈线形，动感与方向性更强烈，适于布置道路设施与引导视线，其自身在分隔空间的同时，还可充当分流天然降水的分水岭。如南京汤山矿坑公园，便是利用原有坡地形创造活动与休憩空间的典范。

（三）凹地形

各种下凹地形，包括低地、洼地、谷地与洞穴，是通过挖掘地表土壤或是由凸地形围合而成，这些都是具有封闭感、私密感与保护性的空间，能够避风挡雨，改善小气候。

谷地指两山之间的低凹区域，属于线形的内向型空间，利于水流汇聚，植物生长条件较好。但其生态环境较为敏感，在建设时应予以注意。如避暑山庄便是基于谷地地形造景的典范，利用地形形态创造出不同景观形式（图 5-2-6）。

▶ 图 5-2-6 避暑山庄（二）

二、地形功能

（一）美学功能

1. 充当背景

结合水景、建筑构成景观，以起伏的地形作为建筑物、构筑物、雕塑、水景等的衬托与背景。如颐和园万寿山便是利用起伏变化的地形，充当建筑等景观的基底（图 5-2-7、图 5-2-8）。

图 5-2-7　颐和园佛香阁结合万寿山造景　◀

图 5-2-8　万寿山铜殿景观营造　◀

2. 丰富空间

可以通过挖方形成凹地形，或是填方形成凸地形，以构成新空间。其空间感主要取决于空间的底面范围、斜坡坡度与斜坡轮廓线。如颐和园后山后湖景区，便通过地形划分、围合，塑造出丰富的空间。

底面区域是空间的底部基础，其范围越大则空间延展效果越明显。

坡面相当于垂直方向的分隔，能形成限定与封闭效果，坡度越陡效果越强。

轮廓线是地形可见高度与天空相交的边缘，斜坡轮廓影响着空间界限与视野。

3. 引导与阻隔视线

空间中，人们常倾向于走向更低且视野更开阔的地方。故而可以基于此规律，将地形与景物结合形成焦点，引导游人视线。

同时地形还有阻隔视线的作用，可通过控制景物可见范围，改善观赏效果。如环秀山庄等苏州园林，便采用假山一类的地形，汇聚与控制视线，形成视觉中心（图5-2-9）。

▶ 图5-2-9 利用假山控制视线

（二）使用功能

1. 丰富活动界面

地形平坦的场地空间形式单一，地形变化丰富的区域空间类型多样。平坦场地供人集中活动，缓坡入水处适合休憩观景，山中溪涧幽静深邃，高山峡谷险峻巍峨，不同地形能形成各种不同的游赏环境。

如上海辰山植物园，便是通过利用与改造原有的矿山山体与水域等，营造了矿坑花园、展览温室、综合植物展园与滨水风光带等景观，使游人能够观赏各异的风景（图 5-2-10）。

图 5-2-10　上海辰山植物园　◀

2. 控制游览节奏

地形能影响游览的速度与方向，平坦地面较为稳健迅捷，有坡度与障碍物的区域影响速度，其他地形起伏也能影响到行走与观赏方向，如现代园林的山坡、土丘，古典园林的假山障景。

杭州的虎跑寺，便利用了地形变化来调整游览节奏。入口处相对宽敞、平坦，方便游人来去集散。主体建筑周围有一定坡度，方便游人减缓速度，观赏周围风景。下坡出口处采用台阶坡道，让游人缓步慢行，在回味园景的同时保证安全。

（三）生态功能

1.改善小气候

不同方位与角度的坡地受太阳照射的影响，温度存在差异。凸地形迎风面应迎着冬季风的方向，阻挡季风，使背风面接受阳光，形成适于植物生长与游人活动的空间。如庐山东林寺南向香炉峰，北倚东林山，群山环拥，气候宜人。

2.优化种植条件

起伏的地形，带来更大的表面积与植物生长空间。不同坡度的地形，能为不同习性的植物创造适宜的生长环境。

三、地形营造

（一）地形营造原则

通过营造人工地形，模拟、缩放与再现自然界真山真水。汉代园林通过挖池堆山模拟海上三座仙山，魏晋南北朝开始模拟自然山水，唐代开始出现置石，宋代开始流行土石结合，至明清假山设计建造达到顶峰，注重融入诗画意境，以小见大，使人仿佛置身真山真水中。地形营造的原则主要有以下 3 点。

1.因地制宜、因形就势

要顺应并利用现有的天然地形。如古代都城郊野的皇家离宫别苑与深山中的古刹名寺，便利用了山坡、山顶等富有变化的地形，使景观环境与地形结成紧密的整体。

现代园林的营造也应贯彻"高方欲就亭台，低凹可开池沼"的原则，高处堆山、低处挖池，如北京雁栖湖国际会议中心的设计，针对南侧地势低洼、地下水位高的现状，对其进行挖池蓄水的处理，并将挖出的土方建造成各种山丘与微地形，在丰富景物的同时，利用山环水绕的环境改善了小气候，并显著地控制了施工成本。

2.合理利用改造

当遇到原有地形不够适宜造景的情况时，应充分利用并适当改造原地形以节约成本，并与园林绿地的功能相结合，做到观赏性与实用性兼备。如避暑山庄的澄湖便是通过对原有的沼泽与水面进行改造，成为园中水景景区（图 5-2-11）。上海辰山植物园中的矿坑花园景区，通过在原有矿坑的基础上加入游览用的通道，使游人能够零距离接触景观（图 5-2-12）。

3.功能与美观并重

园林中的地形地貌应在顺应自然环境的同时，体现观赏与使用功能。可通过模仿自然山水地形的神韵，令人感受到自然意趣，满足人们返璞归真、重返自然的心理需求。如长沙山水间公园与荷兰 Zonnehuis 敬老院花园，前者充分改造了山坡地形，形成适于儿童活动的小空间；后者则是对庭院中的小地形进行适当改造，形成适于老人活动的趣味小空间。

图 5-2-11 避暑山庄澄湖 ◀

图 5-2-12 辰山植物园矿坑花园 ◀

（二）假山

1. 假山的类型

主要有土山、石山与土石结合山三大类。

土山以土堆成，规模较为宏大，典型代表是颐和园万寿山（图 5-2-13）。

石山以山石堆叠，形状变化更加丰富，多见于江南私家园林，代表是狮子林与环秀山庄中的太湖石假山（图 5-2-14）。

▶ 图5-2-13 颐和园万寿山

▶ 图5-2-14 狮子林

土石结合主要有石包土与土包石两种形式。石包土是在土山外围包围山石，以更好地防止水土流失，保证植物顺利生长，代表是苏州沧浪亭与扬州瘦西湖的石包土山（图 5-2-15）。土包石是将石块埋在土中，仿佛是土山中天然形成的山石造景，多见于日式园林，代表是日本京都龙安寺中的枯山水置石造景（图 5-2-16）。

▶ 图 5-2-15 瘦西湖石包土山

▶ 图 5-2-16 龙安寺枯山水

2. 假山堆叠艺术

（1）主客分明　明确假山本身的主从关系，强调主峰的位置与体量，明确其主导地位。布置次峰作为主峰的陪衬，强调主次对比及相互连贯。如苏州留园的冠云峰与扬州个园的夏山，都以体量较大的太湖石充当主景，周围以较小的山石作为陪衬（图5-2-17、图5-2-18）。

图 5-2-17　留园冠云峰　◀   图 5-2-18　扬州个园夏山　◀

（2）层次清晰　一是前低后高、山石参差错落的上下层次，是为高远；二是山石对置形成峡谷，相互交错，是为深远；三是平岗丘陵蜿蜒曲折，向远处伸展，是为平远。这便是宋代郭熙在其《林泉高致》一书中提出的"三远"理论。如苏州环秀山庄便是将山石错落堆叠，形成模拟自然界山峰的效果，蜿蜒曲折的水面与高低起伏的山石相配，营造出山环水绕的效果。

（3）形势起伏　强调假山的形式与山石组合的效果，及其动势与外形特征，并注意其中集中与分散的对比。设计时应考虑其起伏走势与来龙去脉，明确其总体结构，在此基础上深化其各种特征。代表是苏州狮子林假山。

（4）曲折回抱　主要是模仿自然界山体，营造有聚有散、有疏有密、有虚有实的假山石景观，形成曲折回环的效果，进而达到组织空间与改善小气候的目的。如扬州个园秋山，通过山石的曲折环绕形成各种变化。

（三）置石

1. 置石方式

（1）特置　亦称孤置，是指将单独山石布置在特定位置独立成景。对其姿态与外形要求较高，一般体量较大、轮廓清晰。通常充当主景，结合建筑、水景、花台、植物配置。如江南三大名石，即杭州西湖的绉云峰、上海豫园玉玲珑、苏州留园冠云峰，都是以姿态醒目的山石置于醒目位置。

（2）对置　两块山石相对布置，一般置于入口或道路两侧。体量、形态与放置方式注意相互呼应。如扬州个园中的春山与夏山，都采用了山石相对的布置。

（3）散置　以自然山野中的山石为蓝本放置，形成有聚有散、高低错落的效果。注意石材的数量、纹理与放置方式。代表有苏州怡园的石听琴室，以自然置石为蓝本，三五成群、错落放置。

（4）群置　山石互相搭配呈点状布置，形态与效果变化多样，注意有主有次。如苏州环秀山庄假山景观，山石交错搭配、组合多样，主次关系明确。

2. 置石与其他景观

（1）置石与建筑　以粉白色的墙面为背景，布置山石与植物，形成风景画的效果，称为"粉壁理石"。山石还可以做成建筑基座与抱角、镶隅。前者是在建筑外墙的转角位置，采用山石对其进行美化，形成包围之势。后者是在墙的内角以山石镶嵌，进行装饰。

（2）置石与楼梯　以山石充当楼阁建筑的室外楼梯，形成依山而建的效果，称为云梯。此方法能使建筑与植物结合更加紧密，与自然环境融为一体。如留园冠云楼、网师园五峰书屋与扬州寄啸山庄东院的石壁楼梯，都采用了此类处理手法。

（3）置石与植物　将假山石做成花台、树池，结合开花植物与小型山石构成小景，形成点缀。

（4）置石与器具　将假山石做成石桌椅等器具。

第三节　园林水景艺术处理

一、水景功能

（1）供水灌溉　为周围的农田、苗圃、公园绿地等提供灌溉用水。如宿迁骆马湖，一直充当着市区的水源地。

（2）调节气候　一定面积的水域可调节周围环境的温度与湿度，保证冬暖夏凉。如杭州西湖（图5-3-1）。

（3）减弱噪声　用水流流动的声音，减弱周围噪声的干扰。如纽约佩雷公园，通过在街头绿地中布置跌水水幕，有效地减少了噪声污染。

（4）休闲娱乐　为游人提供游泳、垂钓、乘船等户外娱乐活动的场所。如南京玄武湖，可供市民与游客游览、健身，体现了其实用价值（图5-3-2）。

（5）观赏造景　营造静止或流动等不同形式的水景，给游人以不同感受。如苏州金鸡湖（图5-3-3）。

图 5-3-1 西湖 ◀

图 5-3-2 玄武湖 ◀

图 5-3-3 金鸡湖 ◀

二、水景形态与组合

（一）水景基本形态

（1）点形　如喷泉、瀑布、跌水等水景，能以其姿态与声响，成为空间环境中的焦点，如意大利兰特庄园，以喷泉与水池形成焦点。

（2）线形　如溪涧、河流等，呈曲折变化的线形，成为联系游览空间的纽带。如浙江绍兴，形成了以河流充当城市交通通道的"水城格局"；桂林阳朔通过水流组织风景游览路线（图 5-3-4）。

▶ 图 5-3-4　绍兴古城与桂林阳朔

（3）面形　如江河、湖池等开阔水面，通过水面的倒映效果，成为城市建筑及其他景观元素的背景，如杭州西湖（图 5-3-5）。

▶ 图 5-3-5　西湖的大面积水面

（二）水景组合形态

（1）自然式　水景的平面布局师法自然，岸线蜿蜒曲折、富于变化，形成动态景观序列与自然意境。如南京瞻园便结合山石、建筑形成了丰富多变的水景形式。还有湖南长沙河滨森林生态园，以流线型的自然式岸线营造自然观感。

（2）规则式　水景平面形状以几何图形为主，结合喷泉、跌水等造景形成空间变化。如法国巴黎凡尔赛宫水景，便以规则对称的水渠与喷泉形成规则式效果。

（3）组合式　现代园林中水景的平面布局，呈现出规则式与自然式融合的趋势，形态组合注重穿插交错。典型代表有美国路易斯维尔市河滨公园的岸线形式与匹兹堡市郊外流水别墅的水景布置。

三、水景处理手法

（一）衬托

开阔大水面构成开敞空间，可形成水天一色的观赏效果，结合阴晴雨雪的天气还可激发游人的想象。如杭州西湖平湖秋月、承德避暑山庄烟雨楼、北京北海五龙亭，皆是结合水面形成开阔空间。

（二）对比

一是形态对比，以柔和含蓄的水面与硬朗的建筑、山石形成刚与柔、虚与实的对比。如日本水户艺术馆，以流水与建筑外墙形成对比。

二是势态对比，流动、聚散的水流与稳定的园林空间形成动静开合的对比，形成动态美。如苏州网师园，水面分布有聚有散（图 5-3-6）。

图 5-3-6　网师园水景（平面上的收放处理）◀

（三）借声

不同的水声给人以不同的心理感受。滴水声使人感到幽静；瀑布跌落飞溅的声响使人感到欢快与放松，如云南滇池海埂公园瀑布；泉水流动的悦耳声响，则更有音乐的节奏与跃动感，如无锡寄畅园八音涧。

（四）点色

一是以淡雅色彩点缀环境，如苏州拙政园中部水景的处理；二是以明快色彩打破周围深沉环境，如上海豫园；三是借助周围四季景色的更替，形成不同的空间氛围，如颐和园荷花池。

（五）光影

一是水面的波光，有浮游飘散之感；二是水面反射的景物倒影，能形成水天一色的深远感与变幻莫测的光感（图 5-3-7）。

▶ 图 5-3-7 水面的光影

（六）连贯

一是通过水面的流动与延伸，进行空间的沟通与连贯，强化彼此的联系。二是通过水面的聚合分散，体现水面的开合与穿插，形成更加灵活的变化。

（七）藏引

一是藏源，即隐蔽水流的源头，多结合洞穴与缝隙，激发游人溯源探索的欲望，如扬州小盘谷水面。二是引流，让水流在空间中逐步展开，形成曲折有致的风景线，如北京香山饭店曲水流觞。

第四节　园林植物艺术处理

一、园林植物功能

（1）营造空间　遮蔽影响观赏效果的构筑物，营造私密空间。
（2）分隔联系　布置树木划分围合空间，强化环境进深感。
（3）点缀衬托　布置在建筑等景物周围，陪衬主景，体现主次关系。
（4）突出季相　通过展现植物季相变化，使其花果、枝叶呈现丰富的观赏效果，影响观赏心理。
（5）创造声景　与风雨等自然物候结合，形成不同的声响参与造景。

二、植物造景要点

植物在生长过程中，花果叶的形状随着季节更替不断变化。不同季节的植物，有着不同的外观与观赏效果，称为季相。设计中应注重季相变化，布置合理、效果丰富的植物造景。植物造景时应遵循不同地域的物候与生态特征，注意植物外观特征的变化，使其四季成景，同时观赏价值与特色突出，艺术效果强。

三、园林植物配置原则

（一）适地适树

注意环境因素的影响，满足植物生态要求。首先应根据所在地条件选择合适的树种。其次应合理布置，控制好种植密度，以保证充足的生长空间，形成稳定群落。并做到喜光喜阴、速生慢生、深根浅根等不同性质的植物相配合。

（二）满足功能

充分考虑并结合所在场所的功能与性质。如行道树应考虑遮阳、防尘与美化功能，树木应冠大荫浓、长势好。纪念性公园多使用松柏等以烘托庄严肃穆的气氛。而儿童、老人活动休憩的场地，应采用姿态优美、无毒无刺的植物。

（三）适合造景

一是因地制宜，体现不同景观环境的风格与特点。如风景区要求种类多样、色彩丰富。名胜古迹周边要求庄严肃穆。游憩场所周围则是姿态优美、相对活泼。

二是因时制宜，利用季相变化，保证四季皆有景可观。应充分考虑到今后的成景效果，并根据植物季相变化，划分景区，突出不同植物在相应季节的特点（图 5-4-1）。

▶ 图 5-4-1 扬州个园四季假山的植物造景

三是因材制宜，根据功能需求与文化寓意，合理布置植物，形成乔木观形、花灌木观色的效果。同时充分利用适应性强、易栽植生长的乡土植物。

四、园林植物配置方式

（一）乔灌木

1. 规则式
一是对植，沿轴线将两侧植物对称栽植，品种、体型与株距应一致。

二是列植，行列栽植，呈带状，形成屏障，适于分隔与组织空间。

2. 自然式
一是孤植，即单株种植，树种姿态较为雄伟端庄，体现个体美（图 5-4-2）。周围应有一定开阔舒展的空间，故多用于草坪、庭院、水边等相对开阔地带。

二是丛植，若干株同种或异种植物组合在一起，注重群体美，体型上应有大小区别，多布置于路边与草坪（图5-4-2）。

三是群植，以一两种植物为主体，乔、灌、草搭配形成树群（图5-4-2）。注意树木树冠起伏形成的轮廓线，同时色彩与层次变化尽量丰富。

四是林植，大面积种植树木，构成森林景观（图5-4-2）。

(a) 孤植

(b) 丛植

(c) 群植

(d) 林植

图 5-4-2　四种自然式植物配置方式 ◀

（二）花卉

1. 花坛

在一定范围内，将观赏花卉布置成规则式的配置方式（图5-4-3）。包括以下几种形式。一是布置在平地或坡面上，结合乔灌木与雕塑的独立花坛。二是由多个花坛组合而成，用于广场、建筑前庭与规则式园林中的组群花坛。三是用于装饰与限定道路、广场边界的带状花坛。四是由多个形状相同、分段布置的小花坛组成的连续花坛。

2. 花境

较特殊的种植形式，一般沿着花园与道路的边缘种植。多是将多年生花卉与小灌木多种混交，从而体现植物的立体美，使四季皆有花可赏（图5-4-3）。

3. 花丛

对花卉进行自然式布置,无种类与数量限制,起到装饰与点缀作用(图 5-4-3)。

4. 花池

采用砖石或自然山石做成种植床,种植各种花卉、灌木与小乔木。中国古典园林中常以花池作装饰点缀,现代花池多结合新材料(图 5-4-3)。

| (a) 花坛 | (b) 花境 |
| (c) 花丛 | (d) 花池 |

▶ 图 5-4-3 四种花卉景观主要形式

(三)草坪

草坪要求形成一定范围,统一协调各景物并成为其衬托,同时留出活动与休息空间。设计形式分为自然式与规则式,应兼顾观赏效果与实用功能,使其成为环境基底(图 5-4-4)。

五、园林植物与其他景观要素

(一)植物与水景

水边以各种耐水湿植物为主,形成错落有致的植物群落,同时结合地形、岸线与驳

图 5-4-4　草坪造景效果 ◀

岸形式进行布置。其中土岸以自然式造景为主，体现疏密、高低变化。石岸与混凝土岸利用植物进行遮挡、柔化，以营造自然气氛。水中植物以浮水、挺水植物为主，以形成水面倒影，从而增加空间层次，丰富变化。

（二）植物与山石

当以植物为主导时，一般以宿根花卉结合灌木布置自然式花境，以山石充当点缀。当以山石为主导时，可在山石周围点缀各种植物充当背景衬托，形成层次分明、动静结合的效果，在突出主体地位的同时，丰富空间与景观层次。

（三）植物与建筑

一是以植物突出建筑的主题与性质，体现层次感与色彩对比。二是协调建筑与周围环境，以植物充当软化介质，使建筑融于周围环境，形成一定的缓冲与对比效果，丰富空间层次，强化进深感。三是产生时间与空间的季相变化感，以植物的外形与色彩变化，与建筑形成对比，构成不同的意境，从而丰富造景。四是按照景点、景区配置植物，强化造景丰富性与特征（图 5-4-5）。

▶ 图 5-4-5 植物与建筑的组合效果

第五节　园林铺装场地与道路艺术处理

一、铺装场地

（一）铺装场地作用

（1）提供活动空间　通过布置相对稳定的铺装材料，形成活动与使用场所。

（2）引导游览　以铺装的形状与排列方式，指引游人的游览方向、视线，影响游览速度。

（3）承担使用功能　通过改变铺装的材料、质感、色彩、尺寸大小与排列方式，体现对应空间的人流集散、交流、运动与休息等功能。

（4）构成个性空间　不同的铺装材料能塑造不同的空间质感、氛围与特色。同时不同尺寸的铺装能形成不同的空间尺度感，大尺寸舒畅，小尺寸紧缩。

（二）铺装场地设计要点

（1）设计构思　一是选定铺装，形成不同质感的组合。二是确定色彩与图案，色彩主要根据道路、广场的性质确定，图案注意其节奏感与对游人心理的影响。

（2）确定平面形式　一是对称，包括点对称与线对称。二是节奏，通过按规律出现的图案形成节奏感。三是层次，通过图形、色彩、质地的变化形成韵律感。常见铺装形式如图 5-5-1。

（3）确定材料标准　一是耐久性，注意其抗负荷能力。二是耐候性，要适合当地地形、地质、气象等条件。三是安全性，采用凹凸度适中且不易打滑的材质。

二、道路

（一）道路功能

（1）组织交通　方便游人集散，指示通行方向，连接各景点与景区。

（2）引导游览　引导景点、景区的游览顺序，使游人沿着这一顺序欣赏周围景物与环境的变化；构成景观序列。

（3）划分空间　道路的曲折迂回结合地形起伏，在有限的场地中创造变幻无穷的空间环境，形成小中见大、咫尺山林的景观效果。

▶ 图 5-5-1　常见铺装形式

（二）道路类型

（1）根据作用分类　可分为连接各个景区的主园路，连接景区内各景点的次园路，景点周围供人漫步游赏的游步道，以及安全、保养用的园务专用路。

（2）根据构造分类　分为路堤型、路堑型与特殊型。

（3）根据材料分类　包括用水泥或沥青混凝土铺成的整体路面，用石材、方砖以及天然石板制成的块料路面，以及由碎石、瓦片与砾石组成的碎料路面。

（三）道路规划设计

（1）规划布局　一是注重造型，线形曲折变化，自然顺畅。二是体现功能，串联主要景区，形成回环路径，保证游人不走回头路，能够游览全园。三是注意园路形式多样化，可根据周边环境与使用需求加以改造，如加宽为游憩广场或改成廊道、桥梁。

（2）设计要求　平面设计注意宽度，一般路面 3.5m、游步道 1 ～ 2.5m，注意应能够容纳消防车等大型车辆通行。纵断面设计注意利用原有地形并控制土方量，与城市道路高程合理衔接，注意合理设置坡度以保证排水（一般纵坡 8%，横坡 1% ～ 3%）。

（3）注意要点　交叉点处应留出一定距离，以便转变方向。道路交叉的角度不宜小于 60°，道路分叉不宜超过四个。无障碍坡道宽度不少于 1.2m，回车段宽度不少于 2.5m。

第六节　园林建筑艺术处理

一、园林建筑功能

（1）使用功能　供人休憩与游览，并提供相应服务，一般置于风景优美、利于观赏游览的地段。

（2）点缀功能　利用自身形态与体量，成为景观区域与空间环境中的焦点，起到画龙点睛的作用，并与自然环境结合形成对比与统一的整体。

（3）观赏功能　位置选择应考虑到周围景色，朝向风景丰富优美区域，从而充当观赏场所。

（4）组织游览　以建筑承担空间的转折开合，并引导游人的游览方向与观赏视线。

二、园林建筑特点

一是兼具观赏价值与实用功能，能体现诗情画意。二是设计灵活度较大，建筑形式与空间组合变化多样。三是空间序列明显，可组织游览路线，做到步移景异。四是能协调山水与植物造景，形成和谐统一的观赏效果（图 5-6-1）。

▶ 图 5-6-1 留园空间处理

三、园林建筑规划设计

（一）以自然山水为骨架

基于山水环境，布置建筑景观，使之更好地装点自然风景。如北方皇家园林便利用原有山峦起伏的地形，以建筑结合山水造景。而南方私家园林以自然山水为主，建筑通常独立呈小院落或单独点景，环绕以山石花木。

（二）采用分散布局

中式园林建筑往往结合地形特点，分散在环境中并与之协调，构建变化丰富的层次与景观序列，利于组织景点及串联观赏路线，从而建立起景观建筑与自然环境间的紧密联系，如江南私家园林的布局方式。

（三）与自然风貌相统一

采用不同的建筑风格，适应不同的自然景观与环境特征，构成装饰与点缀，并注意使建筑与周围自然风貌相协调。如皇家园林建筑多采用宫苑分离的布局，各建筑组团与其周围的景观元素结合为景观节点，形成景到随机的动态观赏效果（图 5-6-2）。

▶ 图 5-6-2 圆明园造景部分复原与现状

（四）内外环境相结合

处理好建筑与其周边环境的空间边界，尤其是建筑内部与外部空间交汇的区域。

一是以室内外过渡区域作为联系外部空间的纽带，从而弱化人工边界，构成外部环境与建筑内部交融的"灰空间"（图 5-6-3），如古典建筑底部的廊道与现代建筑的落地窗。

图 5-6-3 建筑空间边界的处理 ◀

二是建筑边界以穿插、悬挑等方式，交织、镶嵌于周围环境中，结合景观元素模糊人工边界，并融入自然环境，如江南私家园林以建筑构成空间，临水布置的轩、榭、舫等建筑充当观赏场所，从而形成"山 - 水 - 建筑"的景观格局（图 5-6-4）。

▶ 图 5-6-4　建筑边界结合自然造景

（五）在自然环境中的处理手法

1. 建筑与山石

当建筑置于山巅时可形成制高点，从而在丰富山体立面轮廓的同时控制视线，并与周围建筑互为对景（图 5-6-5）。

当置建筑于山坡或山脊时，区域范围较大且视线开阔通畅，可充分利用山石起伏，形成参差错落、变化生动的效果。当建筑置于峡谷峭壁时，建筑形象应当与险峻的悬崖峭壁结合，给人以惊奇玄幻的感受。

▶ 图 5-6-5　杭州保俶塔

常见处理手法如下：一是"台"，结合地形走势，做成平整土台构筑建筑。二是"叠"，建筑顺应地形，错落有致。三是"挑"，将建筑延伸悬挑的部分采用立柱支撑。

2. 建筑与水面

主要有四种处理手法。一是"点"，将建筑置于水边或岛上，形成点缀。二是"凸"，建筑凸入水中，结合水面布置。三是"跨"，跨过河道与溪流，利于在观赏游览的同时丰富造景。四是"漂"，建筑深入水面的部分采用底部架空悬挑的手法，将水流引入建筑底部，产生漂浮感。

3. 建筑与植物

一是突出主体建筑，常以植物渲染，形成富有自然韵味与文化氛围的景观空间，因此要注重植物造型、色彩与品种，以合理搭配建筑。二是协调周围环境，赋予其时空变化感，以花草树木的柔软、多变，对比山石建筑的硬朗、稳定，形成动静结合、刚柔相济的效果（图5-6-6）。

图5-6-6　留园中部的建筑与植物造景 ◀

四、园林建筑类型

（一）休憩建筑

1. 亭

在园林中主要供游人休息、纳凉、避雨以及远眺观景，常见形状有多边形、圆形、矩形等。山顶建亭应注意观赏范围与方向，水边建亭应注意利用水面倒影，丰富景物的层次与变化。平地建亭应注意根据总体布局确定位置，发挥其观景与点缀作用，使其体量与造型与周围环境相协调。

2. 廊道

用于充当建筑物之间的线状通道，将原本分散的建筑连接成完整统一的整体，并形成层次丰富的建筑群落空间。主要形式有四种。一是双面廊，可以欣赏两侧的不同景物。二是单面廊，一面背靠墙壁，另一边向着景物，常结合雕花漏窗，形成隔中有透的效果。三是复廊，中间以墙分隔，有漏窗，可透景，从而联系空间并强化观赏趣味。四是双层廊，方便游人在上下两层不同高度上欣赏景色。平地建廊主要是沿建筑与墙面布置。水边建廊用于欣赏景物与联系建筑，一般沿着岸线构成自然式布局。山地建廊则顺应地形，拾级而上。

3. 楼阁

园林中的多层建筑，重屋曰楼，四面开敞曰阁，一般体量较大，适于充当园林环境中的点景建筑，利于登高远眺与丰富立面轮廓变化。水边的楼阁一般造型丰富，山地楼阁则顺应地形起伏与高差，形成错落有致的效果。

4. 轩

一般建于高处用于点景、观景，形式轻松自然。位置设置上，主要有以下几种方式：一是置于园林环境中显要、醒目的位置，成为园林主景。二是位于建筑群体中轴线位置，充当艺术构图的中心。三是位于园林边缘，使造景效果更加丰富。

5. 舫、榭

临水建筑，其中，榭主体部分向水中延伸并凌驾于水面上；舫是一种船型建筑物，上半部分为木质结构，下部以石材为支撑，供人游玩与观赏。在水边建舫、榭，应注意使其体量与水面大小、岸线形状相协调，建筑延伸入水，形成三面临水的态势。临水处注意设置栏杆与靠椅以保证安全，并通过悬挑结构在水面上留下阴影，形成光影对比。

（二）入口建筑

应体现园林内容与特征，注意形成休息观赏区域，协调自然环境。在表现园林风格与基调的同时，应当满足游人集散功能。既要考虑自身个性，又应与整体风格一致。一般配备有景区标志牌与管理间，兼顾休憩、导游、卫生等服务功能。

（三）服务建筑

1. 餐饮建筑

包括各种茶室、餐厅与咖啡馆等。中等规模公园中宜布置在人流集中地段，大规模公园中一般根据景区分布多点设置，为游客提供食宿（图5-6-7）。

图5-6-7　餐饮建筑 ◀

2. 展览场馆

以各种构思与景观形象，创造出丰富多变的景观空间。展览内容以人文科普为主，包括各种书画、影像、工艺、文物、动植物（图5-6-8）。

图5-6-8　展览场馆 ◀

3.游船码头

一般设置于有着大水面的风景区与公园中，方便游人在水中观光游览。位置一般选在滨水背风处，并设置售票房与维修、储藏区域（图5-6-9）。

▶ 图5-6-9 游船码头

4.服务中心

一般设置在入口或是人流集中的区域。造型应简洁明快，体现出园林的定位与艺术特征，主要功能包括接待、购票、导游、购物等（图5-6-10）。

▶ 图5-6-10 服务中心

【本章知识结构图】

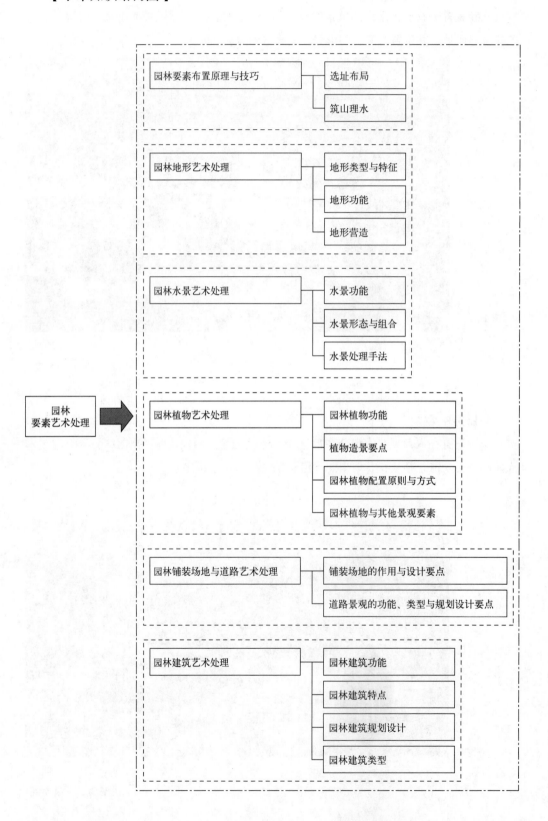

【课程思政教学案例】

1. 思政元素

（1）山石造景中蕴含的自然山水观与天人合一的园林境界。

（2）滨水造景的植物配置中生态理念的体现。

（3）历史上的圆明园，曾经璀璨夺目的文化瑰宝。

2. 案例介绍

（1）中国古典园林中地形的营造与处理，核心指导思想便是因地制宜、因形就势，最大程度地利用现状，创造出自然与人工相得益彰的景观环境，体现出中国传统思想文化中追求物我两忘、天人合一、与自然融为一体的修为境界与理想追求。

（2）滨水公园除了承担休闲游憩、社交活动等功能，其对于生态环境的影响也是不容忽视的，尤其是滨水区域作为水体与陆地两大生态环境的交界，更要注重植物的选择与搭配，这样才能够最大程度地保证生态效益，体现"绿水青山就是金山银山"的发展理念，为我国生态修复与环境保护事业做出更大贡献。

（3）圆明园作为中国古典园林艺术的集大成者，被誉为"万园之园"。只因清政府的腐败无能，被侵略者的战火夷为平地。如今，残存的遗迹时时刻刻都在警醒后人，前事莫忘后事之师，牢记国耻、居安思危，方能避免悲剧重演。

【练习题】

1. 名词解释

点色；花境。

2. 简答题

（1）简述园林建筑在自然环境中的协调与处理手法。

（2）结合实例，试阐述园林中道路景观规划设计的原则与要点。

3. 论述题

结合实际案例，综述植物造景的处理与配置方式，以及如何与其他景观要素相协调与融合。

4. 操作题

某高校计划对现有教学楼中间的一块三角形绿地进行重新规划设计与改造，要求应当最大程度利用好现有植被、水体与地形，与周边校园环境相协调，并注意为校内师生留出进行社交活动、文体集会、休闲游憩、安静休息与文化展示等功能的场地，请根据本章节所学知识展开设计，要求完成一张平面图，附带设计说明与构思示意图。

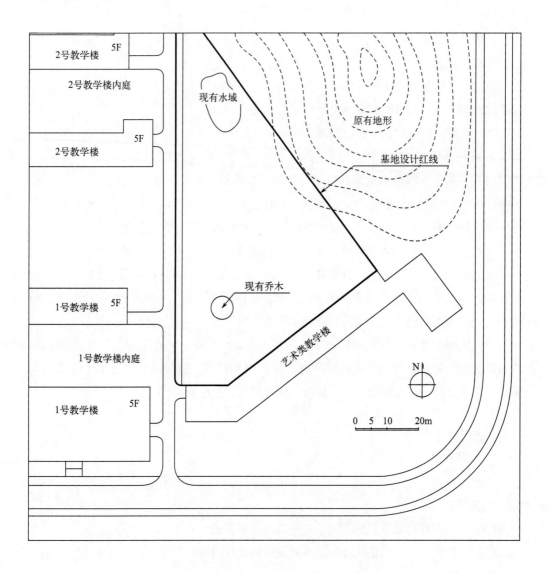

扫码获取第六章彩图

第六章
园林空间设计

【本章概要】本章介绍了空间的形成和分类，重点讲解园林空间的设计手法。使学生能够感知人与空间之间的相互关系，掌握限定空间的几种方法与布局方式，了解园林空间秩序建立的方法。

【课程思政】通过对园林空间设计手法的学习，培养学生善于观察身边常见事物的能力。使学生能在游园中发现空间处理规律并进行总结与记忆。

第一节　园林空间概述

园林空间是一种艺术空间，是园林设计的关键，而设计手法是空间构图以及造园的重要手段。这与德国著名哲学家、存在主义哲学的创始人海德格尔所描述的"存在"观点类似。园林空间不是孤立的艺术欣赏对象，它应该是游客通过感官系统感受到的空间序列与景观对象等共同创造出的形式，形成了最初的景观概念和感性审美，然后通过生理感官的深加工，也就是视觉、听觉、嗅觉、触觉等，结合经验和景观体验，上升到审美表象，通过反思判断精神与情感的双认同，最终达到与景观空间和设计者情感共通的境界。

在游客与空间的情感交流过程中，某些空间能激发强烈的正面情感，譬如爱、依恋和快乐、回忆等。"空间"，在建筑活动中还是个同"控制"联系在一起的概念。人为框定内部空间的六面钢筋混凝土板，自胶合聚结起来的那日起，即宣告着争夺"空间"活动的结束，同时也意味着建筑的社会、经济等职能得以实现。"外部空间"即"没有屋顶的建筑空间"，虽然缺少了一两个空间要素，但其人为控制的特性仍没有变。事实上可以认为，自立一段孤墙于平地分出阴阳两面空间，或者铺一块毛毯在草坪上而有了一个"特定的场"的时候起，"控制"的特性就形成了，空间的概念也由此产生。

一、积极空间

园林的积极空间通常指的是在城市规划和景观设计中，被认为对人类福祉、社区互动和城市环境产生积极影响的空间。这些空间通常被设计为具有社交、文化、休闲或环境价值的区域，为人们提供愉悦、安逸的感觉和互动的场所。积极空间通常具有向内的向心秩序，芦原义信认为外部空间是从限定自然开始的（图6-1-1），所谓积极空间（图6-1-2），就意味着空间能满足人的意图，或者说有计划性。

图 6-1-1　在自然中框起一棵树即形成外部空间　◀

图 6-1-2　积极空间　◀

二、消极空间

消极空间（图 6-1-3）是指空间是自然发生的，是无计划性的。无计划性就是从内侧向外增加扩散性。在景观设计和城市规划的背景下，消极空间通常指的是那些被认为对社区、城市环境或个人福祉产生负面影响的空间。这些空间可能因为安全隐患、环境恶劣、社会问题等而被认为是不利的、不受欢迎的区域。消极空间可能缺乏活力、安全性、社交性或者美感。我们应考虑通过合理把握外部空间尺度，来使消极空间减小。

▶ 图 6-1-3 消极空间

消极空间还包括建筑间的中介空间、道桥间的边角空间、用途不明的废弃空间、未经设计的冗余空间等。由于其往往形状不规则、面积较小，没有清晰的边界，因此在过去较长的时间内并未受到足够的重视，从而造成城市空间利用率低，影响城市环境的舒适感与宜人性。

而那些利用率高的、舒适的、人们经常愿意去的、有人气的公共场所就可以理解为积极空间。积极空间与消极空间分别具备"计划性 - 积极性 - 人群集聚""无计划性 - 消极性 - 人群消散"（图 6-1-4）的特征，我们可以根据消极空间和积极空间的含义去理解它们的特性，并以此指导园林景观的设计。

园林景观的设计就是为了更好地组织空间、植物、小品等要素，让场地本身更加功能化、舒适化、趣味化、人性化，成为受公众欢迎和喜爱的场所。所以，消极和积极的评价是相对的，而且是由主体人群体验之后的客观事实。园林景观设计，空间布局本身是需要开敞空间和围合空间的，做到开合有度、动静结合。

图 6-1-4　人群中的积极性与消极性 ◀

第二节　园林空间设计手法

园林是由一个个、一组组不同的景观组成的，这些景观不是以独立的形式出现的，是由设计者把各景物按照一定的要求有机地组织起来的。在园林中把这些景物按照一定的艺术规则有机地组织起来，创造一个和谐完美的整体，这个过程称为园林布局。

人们在游览园林时，在审美要求上是欣赏各种风景，并从中得到美的享受。园林景物有自然的，如山、水、动植物；也有人工的，如亭、廊、榭等各种园林建筑。如何把这些自然与人工的景物有机地结合起来，创造出一个既完整又开放的优秀园林景观，是设计者在设计中必须注意的问题。好的布局必须遵循一定的设计原则，符合美学规律。

一、开敞与封闭

开敞空间和封闭空间是相对而言的，开敞的程度取决于有无侧界面、侧界面的围合程度、开洞的大小以及启用的控制能力等。开敞空间和封闭空间也有程度上的区别，如介于两者之间的空间有半开敞空间和半封闭空间。这取决于空间的使用性质和其与周围环境的关系，以及人们视觉上和心理上的需要。

（一）开敞空间

开敞空间是外向型的，限定性和私密性较小，强调与周围环境的交流、渗透、融合，讲究对景、借景。它可提供更多的室内外景观和扩大视野。在使用时，开敞空间灵活性较大，便于经常改变内部布置。在心理效果上，开敞空间常表现为开朗、活跃。在景观关系和空间性格上，开敞空间是收纳性的和开放性的。

（二）封闭空间

封闭空间是用限定性较高的围护实体包围起来的，在视觉、听觉等方面具有很强隔离性的一种空间形式（图 6-2-1）。封闭空间给人的心理感受有领域感、安全感、私密性。

图 6-2-1　园林封闭空间　◂

二、层次与序列

通常，空间可以分为三个层次。

第一个层次的空间是指物理空间，即实体空间，也就是我们平时所使用的由建筑围合出的空间。物理空间可以通过大小和形状进行描述，例如一个大的空间，一个小的空间，或是这个空间中可以容纳多少人等。这是最浅意义的空间形式，也最容易被理解和接受。在实际的建筑设计中，怀有这种理解的建筑师一般把空间抽象为一个一个的盒子（图 6-2-2）。在彭一刚先生的《建筑空间组合论》一书里对空间的阐述就是在这个层次。

图 6-2-2　实体建筑空间　◀

　　第二个层次的空间是建筑艺术的空间。这种空间在现代主义之后才开始大量使用。其中运用得最出神入化的是勒·柯布西耶（图 6-2-3）。他的作品风格也成为后期建筑师学习和模仿的对象。这种空间能使人通过在建筑中身体的移动和视线的转移而产生一种愉悦感，这种愉悦就如同听音乐和看电影时的感受一样。从这个意义上说，建筑的空间就是一种独立的艺术。一般在实际的设计中有一些比较常用的手法，比如上下层的透空、设置高差等。另外也有一些建筑师对建筑外观作出独特的艺术处理（图 6-2-4）。

图 6-2-3　勒·柯布西耶混凝土建筑作品　◀

▶ 图6-2-4 朗香教堂

第三个层次是最深的一个层次，就是行为化的空间。这种空间的设计需要设计者对使用者的行为进行细致深入的了解，等于是把功能理解为人的行为，相应的设计就是空间。

良好的空间序列设计，宛似一部完整的乐章、动人的诗篇。空间序列的不同阶段和文章一样，有起、承、转、合；和乐曲一样，有主题，有起伏，有高潮，有完毕；也和剧作一样，有"主角"和"配角"，有矛盾双方，也有中间"人物"。空间的连续性和整体性能给人以强烈的印象、深刻的记忆和美的享受。但是良好的序列章法还是要靠每个局部空间的装修、色彩、陈设、照明等一系列艺术手段的创造来实现的。在设计空间层次时需要注意以下几点。

（一）空间的导向性

指导人们行动方向的设计处理称为空间的导向性。导向的手法是空间序列设计的根本手法，它以建筑处理手法引导人们行动的方向，使人们进入该空间，就会随着建筑空间布置而行动，从而为人们提供物质功能和精神功能。良好的交通路线设计不需要指路标和文字说明牌，而是用建筑所特有的语言传递信息，与人对话。常见的导向设计手法是采用统一或类似的视觉元素进行导向，相同元素的重复会产生节奏，从而具有导向性。设计时可运用形式美学中各种韵律构图和具有方向性的形象，如连续的货架、列柱、装修中的方向性构成、地面材质的变化等，通过这些暗示或引导人们行动的方向和注意力。因此，各种韵律构图和象征方向的形象性构图是强化空间导向性的主要手法。

（二）视觉中心

在一定范围内引起人们注意的目的物称为视觉中心，它可视为在这个范围内空间序列的高潮。导向性只是将人们引向高潮的引子，最终的目的是导向视觉中心，使人领会到设计的诗情画意。导向性的空间有时也只能在有限的条件下设置，因此在整个序列的设计过程中，还必须在关键部位设置能引起人们强烈注意的物体，以吸引人们的视线，勾起人们向往的欲望。如中国园林通过廊、桥、矮墙为导向，利用虚实比照、隔景、借景等手法，以寥寥数石、一池浅水、几株芭蕉构成一景，营造虚中有实的效果。或通过建筑、家具等将空间设计成先抑后扬、先暗后明、先大后小、千回百转的效果。

（三）空间构成的比照与统一

空间序列组织是通过园林的整体结构和布局的全局性而展现出来的。基于中国山水画卷的特点，中国古典园林的特点则是多空间、多视点和连续性变化的。其空间形式是以观赏路线来安排的：较为简单的一种是呈闭合的、环状的，如苏州的畅园、鹤园；另一种空间序列是贯穿形式的，如乾隆花园；还有一种呈辐射状的形式，如杭州黄龙洞。然而江南私家园林中面积相对来讲较大的则多采用的是一种综合式的空间序列，如拙政园、何园以及留园。

空间序列的全过程就是一系列相互联系的过渡空间。对不同序列阶段，在空间处理上各有不同，应使其具备不同的空间气氛，但又彼此联系，前后衔接，形成符合章法要求的统一体。空间序列的构思是通过若干相互联系的空间，构成彼此有机联系、前后连续的空间环境，它的构成形式随功能要求而不同。如中国园林中"山重水复""柳暗花明""别有洞天""先抑后扬""迂回曲折""豁然开朗"等空间处理手法，都是采用过渡空间将若干相对独立的空间有机联系起来，并将视线引向高潮。一般来说，在高潮阶段出现以前，一切过渡空间的形式可能有所区别，但在本质上应一致，强调共性，以统一的手法为主。但紧接着高潮的过渡空间往往采用比照的手法，如先收后放、先抑后扬等用以强调和突出即将到来的高潮。统一比照的建筑构图原理同样可以运用在室内空间处理上。

例如苏州留园（图6-2-5）。留园分为四个景区，每个景区既各有特色，又相互联系贯穿，缱绻徘徊之间，令人流连忘返。留园采用的是综合式的空间序列，包括其入口部分的串联序列形式，中央部分的环状序列形式，东部的串联及中心辐射序列形式等。

三、高差与边缘

场地往往存在地势鸿沟，巧妙的处理可以营造出极具层次感的景观设计，让人过目不忘。更重要的是，尊重高差可以减少土方工程量，大大减少对现状的破坏，保留场地特色。常用的处理手法有台阶、台地种植带、挡土墙等，利用植物、景观小品、文化

▶ 图 6-2-5　留园鸟瞰

墙、条凳等艺术化的元素，能让高差成为设计亮点。

土地资源不足促使人们越来越重视对草甸环境的开发以及利用，妥善进行高差处理分析，以便更好地进行建筑施工。开发坡地的更多空间，一方面减轻了土地资源不足的压力，同时还可以为人类开拓更多层次的空间；另外，斜度处理是建筑和场地设计及施工处理的一部分，可以创造更好的建筑氛围。

（一）高差处理的要点

① 因地制宜是园林景观设计的重要原则，对于有高差的地势，要结合现状来进行改造，尽量减少开挖或回填。

② 道路的高差和断面形式要根据道路功能和规范要求来决定。

③ 利用高差营造景观，既有利于降低工程成本，也有利于营造丰富的园林空间。

④ 要注意雨水的及时疏导，避免大雨时出现洼地积水或路面流水等问题。

（二）高差与边缘的处理方法

1. 利用台阶

利用台阶解决高差问题是非常实用的方法，台阶可以是规则的，也可以是自然形状的。融合自然式的石阶与草坪，既能够满足人们行走的需要，又能给人以恬静闲适的感觉。

利用高差设置大面积的台阶，可以很好地体现宏大、恢宏的气势，凸显出尊贵华丽的建筑主体，不过应充分考虑人体工程学，避免给人带来疲累感（图 6-2-6）。

2. 利用坡道

为了满足无障碍设计等需求，在高差允许的情况下，也可以设计坡道。而最巧妙的设计莫过于台阶和坡道结合的设计，可以产生很多独特和有趣的景观（图 6-2-7）。

图 6-2-6 台阶与景观小品 ◀

图 6-2-7 台阶结合坡道 ◀

3. 利用挡土墙

设置挡土墙是一种快速、有效的高差处理方法，其形式多样，可以采用混凝土、石料或者其他材质，根据风格和作用的不同来选择应用。合理、美观地设置景观墙，能使其成为景观中关键的亮点，为景观增色不少。在挡土墙设计过程中，要对其承载力进行分析，根据地貌、水文、高差选择合适的挡墙形式和材质，确保挡土墙在日后使用中安全、稳定，不会发生倾斜，保证景观效果的最佳性（图 6-2-8）。

▶ 图 6-2-8 日本天龙寺挡土墙

4. 利用台地园

以原生地貌为设计雏形，依势造出台地、坡地景观，自上而下随着地势层层递进，借势建园，其错落有致的立体景观突破了传统，契合现代人的审美观（图 6-2-9）。

▶ 图 6-2-9 以色列台地花园

5. 创造起伏的生态景观地形

创造起伏的生态景观地形，既可以解决高差的问题，也可以塑造独特的景观（图 6-2-10）。

图 6-2-10 利用地形做成跌水 ◀

6. 利用下沉空间

一般是指在前后有高差的地方，通过人工方式处理高差和造景，使原本下沉的部分成为开敞空间（图 6-2-11）。

图 6-2-11 下沉广场 ◀

第三节　园林空间秩序的建立

一、加法空间与减法空间

　　空间可以分为两种类型，一种为加法空间，另一种为减法空间（图 6-3-1）。

　　加法空间为先确定内部，再向外建立秩序。在对内部功能及空间理想状态充分研究的基础上，把它加以组织、扩展，使其形成规模之后成为一个有机的整体。因此每个细节和局部都应比较完善，但是从整体来看，如果规模较大会显得较为凌乱。

　　减法空间为先确定外部，再向内建立秩序。在对整体结构构成的规模和内部布置方法充分研究的基础上，再加以分析和细化，按照某一体系，在内部充实空间。缺点是对内部会有部分牺牲，局部空间可能会不够人性化，但从整体来说更加符合逻辑和理想。

▶　图 6-3-1　加法空间与减法空间

二、内部秩序与外部秩序

　　内部秩序和外部秩序是相对的。通常，空间领域有以下类型：外部的－半外部的－内部的；公共的－半公共的－私用的；多数集合的－中数集合的－少数集合的；嘈杂的－中间性的－宁静的；动态、体育性的－中间性的－静的、文化性的。

　　简·雅各布斯认为："城市毕竟是为人服务的，而不是做成新型象棋供巨人比赛用的。"由此可见，设计师需要注意内部秩序和外部秩序。

【本章知识结构图】

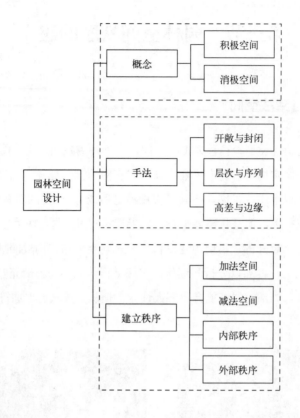

【课程思政教学案例】

1. 思政元素

中国古典园林的保护者陈从周的学问之道：占山为王，脚踏实地，不管风吹雨打。

2. 案例介绍

陈从周先生曾说过，推中国园林，当首推苏州园林。这些结论是他经过 5 年的调查踏勘，后又亲自参加园林修复，带领同济大学建筑系同学做教学实习所得出的。他踏勘调查的主要对象是苏州古建筑与园林，他用拙政园、留园两个最大的园林为案例，以测绘与摄影所得，写出了《苏州园林》，这成为他的成名作。他在谈到大园林与小园林的区别时说，大园林宜动观，如浏览水墨长卷，小园林宜静观，如把玩扇子和册页；在论述园林应由艳丽而素雅时说，如女孩子小时候喜欢红皮鞋，大了喜欢白皮鞋；在讲授园林造型收头处理的重要性时说，比如旧时相亲，男看皮鞋，女看头发；称赞朴素的空间效果是"贫家净扫地，贫女好梳头"；在阐述保护古建筑与营造新建筑两者的关系时，以"土要土到底，洋要洋到家"一言概括。他游刃雅俗之间，以致他的众多学生在缅怀先生时都说："十几年过去了，我还清楚地记得当年上课的生动情景。"

他在《苏州园林》中写道："江南园林甲天下，苏州园林甲江南。"1958 年，他向苏州市政府呼吁抢救网师园。市政府很重视，立即行动，予以修葺。当时有人要拆苏州城墙，用墙砖砌小高炉，陈从周坚决反对。为江南园林，陈从周吃足了苦头，但他并没有就此放弃。十一届三中全会后，苏州修复名园。陈从周认为苏州曲园的文化价值最高，是晚清学者俞樾的故居。于是他联络叶圣陶等八位知名人士提议修复。苏州政府请他审核行将开放的苏州古典园林艺术陈列室，他顺便考察了艺圃、环秀山庄和拙政园等景点，发现了不少问题，回沪后在媒体上发表《苏州园林今何在？》一文，严肃地批评了苏州园林商业化的世俗之风。1991 年他考察有"江南华厦，水乡名园"之誉的同里镇的退思园，发现园旁有座水塔，大煞风景。所幸苏州有关方面对陈从周的意见十分重视，对他提出异议的地方都及时进行了全面整顿和清理，使苏州园林大为改观。

1978 年，他主持了中国第一个整体园林出口项目，以苏州网师园的园中园——殿春簃为蓝本，按照苏州园林的风格，建立一个独立的庭院，并起名为"明轩"。方案得到美国认可后，于 1980 年 5 月把明轩搬到美国纽约大都会艺术博物馆，让美国人一睹中国园林的风采。1999 年苏州古典园林被列为世界文化遗产。苏州人尊重、热爱陈从周，聘他为苏州市文物管理委员会的顾问。他欣然接受，并题"述古还今"四字，表达他认为园林应继承和发扬并重的理念。

陈从周热爱苏州园林，把它视为生命的一部分。且看他对苏州园林的一段描述："我曾以宋词喻苏州诸园：网师园如晏小山词，清新不落俗套；留园如吴梦窗词，七宝楼台，拆下不成片段；而拙政园中部，空灵处如闲云野鹤来去无踪，则是姜白石之流了；沧浪亭有若宋诗；怡园仿佛清词，皆能从其境界中揣摩而得之。"

【练习题】

1. 名词解释

积极空间；消极空间；开敞空间；封闭空间；空间序列；空间层次；加法空间；减法空间。

2. 问答题

（1）园林空间序列的设计手法有哪些？请举例说明。

（2）请举例说明积极空间与消极空间在园林空间设计中的应用。

第七章
园林意境的营造

扫码获取第七章彩图

【本章概要】本章介绍了园林意境的相关概念及特征，重点阐明了园林意境与文化的关联，并讲述了园林意境与时间、空间的联系，以及通过案例分析了园林意境的营造手法。

【课程思政】园林意境的营造需要大量的实践，学习该章内容有助于培养学生学以致用、积极践行的能力，以及不怕失败、勇于尝试的探索精神。

第一节　意境与意象

一、意境

所谓意境，指的是经由各种艺术创作所描绘与表现出的情怀与境界。任何艺术形式，包括但不限于文学、绘画、音乐等，都能够表现出一定的意境。

二、意象

所谓意象，"意"指的是主观的理念与情感，"象"指的是客观景物的形象与状态，本质上是主观与客观两方面的有机结合与统一（图 7-1-1）。而在景物被设计者创造出来并具象化的过程中，其本身也被设计者注入了主观情感与审美思维，从而形成了被赋予

▶ 图 7-1-1　象征意象之桂花、菊花与明月

作者思想感情与理想追求的、具有生命力的人格化造景。

园林造景中，许多植物便是被赋予了不同的寓意，形成了独一无二的园林意象。如菊花便象征着高雅脱俗与隐逸避世，古往今来吸引了无数文人雅士吟唱赞颂，东晋陶渊明以"采菊东篱下，悠然见南山"，将自己的清贫自得比拟菊花的清高孤傲。而南宋郑思肖的"宁可枝头抱香死，何曾吹落北风中"与程砚秋的绝句"惊心尚有东篱菊，正在风霜苦战中"，又描绘出了不畏寒风、坚贞不屈的形象，体现了坚守气节的高尚情操。由此可见，同样的物象也能够形成各种不同含义的意象，体现了作者思想感情与物象的高度统一。

三、园林意境

园林作为诗画等艺术形式的集成与综合，其意境的表达更加复杂，同时形式更加多样，主要基于山石、植物、建筑等景观元素的搭配组合，在表现出空间中景物形象的同时形成不同的观赏效果，表达出多种多样的意境，体现出更加深远的内涵。如怡园中的坡仙琴馆，便是音乐声与对景物想象的相互融合。

园林意境的形成，与有着具体形象并融入了创造者审美理想的意象是密不可分的。按造景形式的不同可分为自然意境与文化意境；在尺度上分为宏观意境与微观意境；按照时空，分为时间意境与空间意境；按照季节，有春夏秋冬季相变化的意境；按照地域，有城市与乡村、东方与西方文化构成的相对的意境；此外还有现实与想象对比形成的意境。

四、中国古典园林的意境

中国古典园林对于意境的追求、体验与表现，有着悠久的历史。其核心审美理念，便是园林意境的创造、欣赏与体验。如明末计成在《园冶》一书中，便论述了"先乎取景"的审美原则，并注重在构成造景效果的同时融入历史人文与诗情画意，激发观赏者对于景物的联想与想象，从而形成中国古典园林独一无二的魅力，体现中国独有的注重表现的美学思想。

中国古典园林意境的产生，源于东晋，成型于唐宋。这与当时追求自然美感的文化思潮是密不可分的。当时随着道家思想的盛行，人们纷纷选择寄情山水，出现了自然山水主题的绘画、诗文与游记。由此园林也开始向模拟与再现自然风景的方向转变，自然山水开始成为园林主体。如东晋简文帝游览华林园时所说的"会心处不必在远，翳然林水，便自有濠濮间想也"，便体现了当时追求自然美的园林审美倾向，从而奠定了接下来一千多年里追求自然意境的审美基调。

到了唐宋，大量文人雅士开始参与到园林的规划、设计与建造中，园林景观进一步自然化，并与自然界真山真水相结合，表达出恬淡闲适、闲云野鹤的诗情画意，如王维的辋川别业。而到了明清时期，随着中国古典园林营造理念与造景手法基本成熟，园林设计者开始更注重诗画意境的表现，如在山石泉池的营造中融入山水画的原理，用自然式假山石与水景结合模拟真山真水，使游人在观赏与体验时仿佛置身于山水间（图7-1-2）。

▶ **图 7-1-2　中国古典园林意境的发展**

中国古典园林意境的表现，归根结底是寄情于自然景物，而在寓情于景、借景抒情的同时又表达了深层次的审美意象与精神追求，从而在"情生于境"，即借助景物表达诗情画意与表现美感的同时，激发了观赏者与体验者的共情与遐想，由此方能产生令人回味无穷、心驰神往的园林意境，即所谓"物外有情、景外有意"。

第二节　意境与文化

一、园林意境与绘画

中国古典园林的造园理论，归根结底是与山水绘画原理一脉相承的。构图上在营造深远空间的同时，丰富景物的层次变化，如采用借景、障景、点景与对景等手法，从而将绘画手法融入造园中（图 7-2-1）。

主要处理手法如下。一是主次分明、远近得体，有着明确的画面层次。二是顺应构图规律与绘画原理，做到疏密有致、参差错落，有藏有露、有虚有实，前后呼应对照，有繁有简、详略得当，有曲有直、突出对比，同时明确画面中景物的主次关系。三是善用工笔画的手法与原理，采用山水绘画式简练而奔放的笔触，表现出景物最基本的特征，在托物言志的同时，体现出神形兼备、意境深远的艺术效果，从而达到"片山有致，寸石生情""一峰则太华千寻，一勺则江湖万里"的境界，小中见大，以抽象引出具体。

二、园林意境与诗文

中国古典园林自诞生之日起，便与文学创作结下了不解之缘。尤其是到了山水审美思想开始形成与发展的魏晋南北朝，当时文人名士将自己的理想追求寄托于山水并加以吟咏唱诵，奠定了文学与园林两大艺术相互影响、相得益彰的基调。从白居易的《池上篇》到李格非的《洛阳名园记》，一篇篇美文，因园林风景而传扬后世，一座座园林，又因文字点题记述而增光添色、广为人知，园林与诗文共同造就了古典文化史上最为璀璨夺目的一页。

古典园林，尤其是江南园林中的诗情画意，很大一部分来源于各种语言文字，尤其是各种题字的形容、渗透与升华。如苏州园林中建筑的题名几乎全部源于诗文，其中留园北侧的楼阁，楼下名"自在处"，楼上名为"远翠阁"，在此处可将周围景色尽收眼底，而"远翠"取自"前山含远翠，罗列在窗中"，便很好地点明与呼应了主题。园中其他各处采用了匾额、对联与书条石等书法艺术形式，强化了园林中的文化氛围。

▶ 图 7-2-1 依照山水画理创造模拟自然的山水景观

园林的创造者中，各种文人雅士作为专精诗文、书画等艺术形式的群体，十分注重用典雅的艺术形式在园林中表达其艺术追求与理想。在许多建筑与景点，都以对联、匾额点明主题，并结合其他文字题咏，在装点修饰的同时达到园林与诗文合二为一的境界。

同时，文学作品具有转折萦回、曲折婉转的特征，在园林艺术创作中也有不少体现，强化了园林的精神文化特质，如清代钱泳在《履园丛话》中指出，"造园如作诗文，必使曲折有法，前后呼应，最忌堆砌，最忌错杂，方称佳构"。由此可见，园林的规划设计与文章构思写作一样，需要各种山石花木与泉池楼阁的有序排列、搭配组合，才能够形成跌宕起伏、变幻多样的意境。

第三节　意境与时间和空间

一、时间的意境

（一）季相美

园林中时间意境，很大程度上是依靠景物一年四季不同的变化效果来表达的。春季万物复苏，桃红柳绿，令人感到生机勃勃。夏天烈日当空，绿荫丛中蝉鸣阵阵，泉池假山令人感到一阵清凉惬意。秋季秋高气爽，草木金黄，令人感到丰收的喜悦，秋雨连绵、拍打芭蕉又不由得使人生出惆怅之感。冬日天寒地冻，白雪皑皑，迎着风刀霜剑傲然绽放的蜡梅与大雪覆盖下的青松，又令人不由得生出对生命的敬意（图7-3-1）。

▶ 图 7-3-1　通过植物造景的变化表达意境与氛围

这一系列的意境效果，一定程度上是由植物的变化来完成的。如留园的闻木樨香轩，每到秋季，金桂绽放、花香四溢。又如拙政园的荷风四面亭，每到夏日荷花盛开，形成了"接天莲叶无穷碧"的意境。季相美使人感觉到时间的流逝，岁月的轮回。

（二）气象美

除了一年中的季相更迭，不同时间段的物候与气象变化也是园林意境的重要生成部分。一天当中有朝日晚霞，一年中有阴晴风雨、霜雪烟云的变化，而这些有一定频率出现的现象，也会和景观一起形成瞬间的永恒与不朽。如杭州西湖的断桥残雪，扬州瘦西湖的四桥烟雨（图7-3-2）。

也正是这些天候与气象变化，才使得园林意境更加深化，使人回味无穷，给人以难忘的艺术感受。园林中的许多景物也都以此为主题，表达园主人寄情山水、融入自然的情怀，如网师园的月到风来亭，每到中秋时分，月光、波光、池水交相辉映，形成了富有诗情画意的景象，以及拙政园的待霜亭，皆别有一番韵味。

二、空间的意境

（一）空间的隐喻性与模糊性

古典园林的主人多是文人士大夫，为了在自己辞官退隐后留出一处重返自然、寄情山水林泉的场所，他们便开始以自然山水为蓝本，结合自己的审美理解与诗情画意的构思，通过挖池堆山与各种花草树木的搭配组合，以隐喻的方式创造出再现自然的景物，从而对自然山水风景进行摹拟缩放，达到咫尺山林、小中见大的境界。

如苏州留园五峰仙馆中的峰石，便是以这种相对模糊的隐喻手段，通过模仿庐山五老峰的姿态与神韵，利用小空间与大假山的组合，形成高耸向上的感觉，创造出了与真山真水相似的观感。其亮点在于在有限空间内借助假山表现出自然山水的神韵与鲜明特征，并借李白《登庐山五老峰》一诗，表现出作者隐遁山林、远离宦海的心态。

（二）空间的流动性与延伸性

主要通过景观要素的搭配组合，游览路线的组织，以及障景、隔景、借景等景物处理手法的应用，强化景观空间的层次感与递进感，形成移步换景、步移景异的观赏效果，与山重水复、柳暗花明的景观意境，丰富景物的层次，强化游人的观赏游览体验。

如苏州留园入口，便是通过景物的布置，实现景观空间的流动与延伸拓展（图7-3-3）。起始处以山墙围合成狭窄的通道，之后游人移步向前，视线随着漏窗与山石的组合逐渐展开，在古木交柯处，视线被花池与植物所吸引。最终到中部水景区域，空间随着水面的延展而变得开阔舒展，视线也随明瑟楼与濠濮亭达到高点。

▶ 图 7-3-2 通过天候气象变化表现造景效果

图 7-3-3 留园入口处理 ◀

第四节 意境的营造手法

一、利用形象

形象可以是自然界已有的，也可以是人为想象的。如将两蜷曲的古树想象成龙、蛇，由颐和园佛香阁与建筑群联想到帝王与群臣，由一些历史上英雄人物的雕像联想起他们对人民群众的贡献，激发人们的敬仰之情。现代园林中也有利用形象表达意境的手法，如布置大面积的疏林草地，使人获得重返自然的心境。

二、象征手法

营造者与观赏者需要有一定的历史人文与其他专业知识，才能更好地理解设计意图。如扬州个园之所以得名为个园，是因为"个"字的字形像竹叶，隐喻竹林是其中造景的重要组成部分，而园中四季假山则采用不同石材表达象征效果，如石笋象征春天、太湖石象征夏天、黄石象征秋天、宣石象征冬天。

现代园林中运用象征手法的例子，还有广州的五羊雕塑（图7-4-1）与兰州黄河南岸象征黄河的母亲雕塑（图7-4-2）。

▶ 图7-4-1 广州五羊雕塑

图 7-4-2　兰州黄河母亲雕塑 ◀

三、烘托气氛

可以通过营造特殊气氛，烘托意境。如陵园与纪念性园林常利用夹景手法，在轴线两侧布置排列成行的景物，吸引游人视线，在陵园内布置成行的松柏，能给人以庄严肃穆的感觉。

四、借用典故

利用各种历史传说与神话故事，创造不同意境，形成若有若无、飘渺空灵的感受，体现趣味性与浪漫性。如白娘子与许仙相会的故事，便为杭州西湖十景之一的"断桥残雪"增添了更多浪漫，苏州虎丘山下的剑池，更是有着书圣王羲之的传说。诸如此类由神话、传说、故事形成的意境，对于游人而言也是十分富有吸引力的。

五、题词点景

又称题景，主要是通过匾额、对联等文字要素表达意境，并以此成为风景的一大特色。题景能够精炼地传神写意，表达出风景最基本的特征，从而托物言志，借景抒情，表达人们的审美理想。

如圆明园中有康熙与乾隆亲自题写的景名，有象征修身养性的"澹泊宁静"，有象征政治清明的"九洲清晏"，有表现社会理想的"万方安和"等。还有湖北三顾堂的对联"两表酬三顾，一对足千秋"总结了诸葛亮一生的辉煌成就与高尚人格（图 7-4-3）。

苏州拙政园荷风四面亭的"四壁荷花三面柳，半潭秋水一房山"形象鲜明地点明了景物的特征（图7-4-4）。利用文字题咏引导游人观赏，体现设计者构思并营造园林氛围与意境，是常用的造园手法。

▶ 图7-4-3 三顾堂对联

▶ 图7-4-4 荷风四面亭

六、植物造景

利用植物姿态进行比拟、联想，通过植物人格化表达与创造不同的园林意境，达到托物言志、借景抒情的效果。如竹子多布置于庭前屋后与水边，无论四季变化、阴晴雨雪皆有景可观，因而更容易形成不同的意趣，而其自身也有着虚心好学、昂扬向上的寓意。其他的还有梅花不畏严寒，迎寒绽放；兰花姿态优雅，清香脱俗，象征不为世俗干扰的高尚品格；松树苍劲挺拔，象征坚贞不屈的高尚品质；垂柳轻柔婀娜，随风飘荡；荷花出淤泥而不染，象征保持自身高尚情操的追求（图7-4-5）。

图7-4-5　园林中常用的表达意境的植物 ◀
从上至下依次是梅、竹、荷

植物的性格美与姿态美与造园者的情感完美结合，便能够达到借景抒情的效果，进而形成变化丰富、使人印象深刻的意境。

园林景观中的植物，除了自身姿态与寓意参与景观效果与意境氛围的营造，其在景观场景中亦经常与地形、山石、水面、建筑等景观要素相结合，构成更深层次的氛围与意境，使游人徜徉其中、流连忘返，最终达到物我两忘的境界。

如北京颐和园佛香阁与苏州退思园眠云亭。前者以大体量主体建筑结合向上抬升的地形，以及开阔的湖面，形成开阔舒展、"一览众山小"的意境，山上茂密层叠的植被因此成为场景的有力衬托。后者以建筑院落为基础，结合植物造景与建筑组合形成幽静氛围，并使园路随着地形变化或与空间组合形成柳暗花明的意境，以及自然顺畅、绵延不绝、错落有致的空间氛围。

在历史演变过程中，植物季相特征被赋予了人格化色彩，形成了独特的文化积淀，并在历代文人雅士的想象与描绘中展现诗情画意，如杨、柳、荷、梅、兰、竹、菊、槭、梧桐等具有特殊文化寓意的植物。其中松柏象征着忠贞不二与高尚节操；杨柳象征着离别与不舍；梅、菊凌霜傲雪，象征着高尚气节；兰花幽香高洁，荷花则是出淤泥而不染；竹子枝干中空、挺拔向上，象征谦虚好学、自立自强（图7-4-6）。因此要充分了解植物季相变化的特点，及其背后的文化内涵，方能创造出集美观效果、历史积淀与文化内涵于一身的植物景观。

图7-4-6 花中四君子（梅、兰、菊、竹）

另外，植物作为具有生命的景观要素，一年当中季相变化明显，且受地区季节变化影响较大，如北方由于四季分明，植物季相变化更加突出，春天桃红柳绿、百花盛开，秋天漫山红遍、层林尽染，令人目不暇接。相比之下，南方植物由于气候与温度原因季相变化并不明显。

在园林规划设计的实践中，各类以植物造景表达景观意境、烘托环境氛围的案例不胜枚举。无论是古典园林还是现代园林，都采用不同植物造景等表达不同的场景主题与文化底蕴，营造高雅的文化格调，令游人在游赏过程中感受到背后的文化积淀与特有的东方美感。最常见的是将不同形态与习性的植物进行搭配组合，表达设计者的闲情雅趣，并体现更深层次的人文精神，形成参差错落、虚实有致的景观效果，提升景观空间的整体性、连贯性与氛围感。

如苏州沧浪亭周围密植竹林，形成竹海风势的观赏效果。竹子的寓意是坚贞不屈与淡泊致远，暗合沧浪亭追求隐逸、超然世外的主旨寓意。且丛植竹林结合林下小径，形成了曲径通幽的意境与步移景异的观赏效果，令游人目不暇接。

植物造景常结合其他建筑、山石等景观元素强化空间进深感与层次感，形成"柳暗花明又一村"的艺术氛围。如扬州小盘古利用盆景充当强化层次感的装饰，以小巧玲珑的植物盆景配合漏窗、景墙与周边建筑，形成小中见大、别有洞天的景观效果，表达传统文化中咫尺山林的意蕴。

在整体环境布局与营造过程中，植物造景还应结合区域内建筑形态与空间结构，划分成多个层次，形成浑然天成、师法自然的氛围，结合其余的山石、建筑、水体等景观要素形成返璞归真、山水相依的意境。如苏州拙政园中西部采用南天竹、火棘、枇杷、月季、桂花等多种类、多层次的乔灌木，形成连贯、整体的景观群落，以自由清新、不拘一格的组合方式打破空间局限，在树木葱郁、水色连绵之中体现浑然天成的文化底蕴，形成令人流连忘返的意境氛围。

综合而言，植物造景的意境表达有两大要点：一是组合形式多样，在顺应园林地域特性与自然特征前提下，结合园林形态及其功能定位，以及光照、土壤等环境要素，表达文化底蕴与意境氛围并满足实际需求。二是应注意植物造景的时序性，利用花果叶的季相变化形成动态景观，以物相变化烘托氛围与意境。

【本章知识结构图】

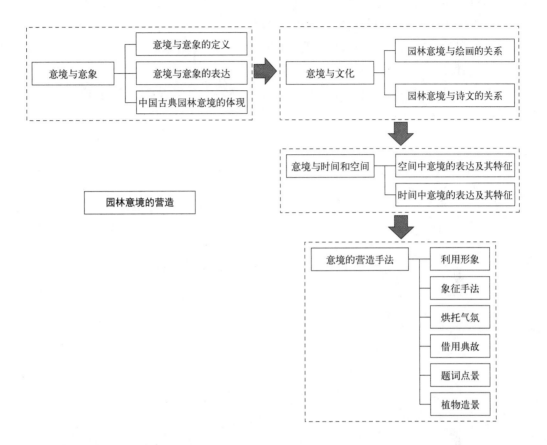

【课程思政教学案例】

1. 思政元素

（1）坚强不屈、昂扬向上、锐意进取的精神风貌。

（2）热爱传统文化，传承其中的优秀精华。

2. 案例介绍

（1）寓情于景、托物言志是中国古典园林植物造景的重要手法，除了临寒绽放、清雅孤高的菊花，还有寓意长寿与坚贞不屈的松柏，昂扬向上、虚心谦虚的竹子，出淤泥而不染、濯清涟而不妖的荷花，独生幽谷、散发幽香、与世无争的兰花，顶霜傲雪的梅花……它们共同构成了富有诗情画意的园林植物景观。而它们背后传达的精神，也是需要我们传承发扬的。

（2）中国传统园林中寓情于景的诗画意境，以及本于自然而高于自然的审美追求，都是需要我们传承与发展的，只有取其精华去其糟粕，才能够使之与时俱进，焕发出更多生机与活力。

【练习题】

1. 简答题

（1）园林与绘画在意境处理上有哪些联系？

（2）园林中的时间意境是如何表现的？

2. 论述题

列举并阐述中国古典园林中常见的意境表达方法，试着结合案例展开说明。

扫码获取第八章彩图

第八章
园林艺术赏析

【本章概要】本章重点介绍了如何进行园林的赏析。从园林艺术的审美主体到审美方式和赏析过程，逐步剖析人们对园林艺术的感知方式，通过分析人的环境体验过程，了解人对环境的认知和相关行为，从游赏者的视角出发，来审视园林设计过程中的重要因素。

【课程思政】赏析需要发挥人的主观能动性，在环境中亲身感悟自然之美。通过本章的学习，使同学们更加深刻地认识到"绿水青山就是金山银山"，在设计中也能始终秉持节能环保的理念，与自然和谐共处。

第一节　园林艺术审美主体

中国艺术是一种追求自然的艺术，文化美学是一种亲和自然的美学。

大约成书于公元前 6 世纪的《诗经》就展现了人与自然的亲近关系。"关关雎鸠，在河之洲。窈窕淑女，君子好逑""昔我往矣，杨柳依依。今我来思，雨雪霏霏"……在《诗经》里，雨雪草木都是诗人感情与精神的寄托。在《离骚》中，屈原更是借芷、兰、菊、蕙等香草以自喻，表达自身之志洁行芳。中国诗歌一出现就将自然人格化，也将人格自然化了。

中国人通过绘画描绘自然山水要远远早于世界其他国家和地区。从出土的汉画像砖上可以看到一些表现山水的题材，尽管这还不能被视作绘画作品，但到了魏晋时期就涌现出了大批山水画家。对于画家来说，山水是精神释放的地方，也是人生安歇的地方，同时这些自然山水也因画作成为人格化、情感化和精神化的山水。

在人与自然的关系上，中国文化美学强调的是一种亲密和谐的关系，即融入自然，物我为一。人是自然化的人，山水是拟人化的山水。于是在名山大川的风景营建中，要通过人文渲染，让自然山水成为诗词书画中所描绘的山水，可游又可居；而在园林的营造中，也要通过人造的山水林泉来彰显园主人的政治理想、社会抱负、人格追求和精神价值。中国艺术是一种追求天人合一的艺术，文化美学是一种天人同构的美学。

一、园林艺术创造者

园林艺术是由园林的设计者和建造者共同完成的。勒诺特尔、康熙、乾隆、王维、白居易等园林创造者在自己的时代集天地自然之灵秀，将胸中所藏之丘壑一一呈现于凡尘俗世之中，影响了一代又一代人的审美情趣和精神理想。他们除了遗留给我们一道道五彩斑斓的风景，更为我们留下了一种生活的情趣，一种生命的情怀。

中国是世界上较早在城市或城市中心建设大型园林的国家。中国历代皇城中心，均建有大型自然山水园林，如元大都内的西苑。西苑水面名为太液池，池中山名为万寿山，上建广寒殿。13 世纪，意大利旅行家马可·波罗曾称赞西苑为神仙宫阙。

早在公元前 138 年，汉武帝已经建造离宫七十所，种植异果名卉，养百兽的"上林苑"了。当时的茂陵富商袁广汉，也已经建造东西四里（1 里 =500m），南北五里，构石为山，养珍禽异兽，种奇树异花的自然式园林了，这是世界上出现最早的自然式园林。这个私家园林的规模比起比它晚 250 多年的罗马帝国的皇家哈德良山庄的园林规模要宏伟得多。所以说，中国造园行业的历史十分悠久。

现在全世界留存下来的两部最早的造园艺术系统理论著作，即日本的《作庭记》和中国明代计成所著的《园冶》。但通观日本《作庭记》内容，其造园艺术理论，显然是从中国汉、唐以来的造园艺术理论中继承下来的。

古往今来，中国出现了一批批杰出的园林师，如孙筱祥先生就在园林行业留下了浓墨重彩的篇章。孙先生出生在浙江农村，是一个打赤脚穿草鞋的文化农民。他的哥哥是书法家，他从小就学习和研究篆刻金石艺术。书法是中国文化艺术的基础，书画同源，画理通园而方法归一。

孙先生与书画结缘一生，写了一辈子，画了一辈子。孙先生的学科基础是园艺，这是在浙江农学院学习的。他在课上学习理论知识，在植物理论知识方面夯实了基础。课下他以采标本的老师傅为师，跟老师傅上山涉水采标本。老师傅认植物除观看外还嗅、咬、嚼，鉴定植物种和生态习性，日久自深。他之所以专长植物园设计的基础在此。他深知园艺和园林的共性和差异，毕业后决心补学建筑学。他到当时的南京工学院请教刘敦桢大师学习建筑学，从写生到画传统水墨渲染，从学画法几何到画园林鸟瞰图，进行了全面学习。他为学习绘画到重庆求教徐悲鸿大师而获益匪浅。经过这样的修身，按造园学科要求塑造自己，这才成为讲授"园林艺术"和"园林设计"的专业课教师，他讲课不仅全面、系统，而且灵活生动，同时他也设计了许多经典的园林，如北京植物园（图8-1-1）。

▶ 图 8-1-1　北京植物园

孙筱祥先生认为"园林艺术"讲的是传统理法，"园林设计"是理法的实践，实践是真理，设计为中心。20世纪50年代初，孙先生一举成功地设计了花港观鱼。花港观鱼设计可谓"既古且新"。其原是清代西湖十景之一，后期只剩下一亭一碑，名不符实。孙先生考察花港后理水，将西里湖与西湖连通。"疏源之去由，察水之来历。"花港两岸种植多种花卉，花瓣落在水面，引来鱼儿衔花，体现传统之意境。筑牡丹山，山近处安牡丹亭。以往专类园多为几何式布局，而孙老先生遵循传统筑起自然土山，并植以疏荫矮乔木为牡丹创造半阴的环境，土山因高而利于排水，山石蹬道曲折引上，再于视线焦点点缀"寸石生情"的山石，文人写意自然式的牡丹园就此诞生。在自然式土山围合的封闭空间里引水成池，跨水架曲折平桥，游人在桥上或投食或击掌，引来各色的鱼群，成团成簇，翻跳迅潜，煞是赏心，重墨渲染了公园主题。孙先生是一位优秀的造园师，同时为中国园林专业培养人才贡献了力量，也为年轻一代树立了榜样。

二、园林艺术游赏者

园林艺术欣赏是指游赏者在园林中获得高质量美感的过程，或者在游赏过程中获得良好的审美感受的过程。其中包含两个层次：一是对审美对象，即园林景观的感受和知觉；二是在感受和知觉的基础上，得到审美的享受。造园者的设计和努力是为了更好地服务园林艺术的游赏者。游人需要掌握一定的方法和技巧才能更好地欣赏和体会到园林艺术的美感。

第二节　园林艺术的欣赏方式

一、了解景观内容

　　游人需要了解景观内容，如所欣赏的园林中有哪些景点以及它们的分布状况、介绍、形成原理等，还需要了解其美学价值及历史文化内涵。例如趵突泉的"突"字竟少了一点（图8-2-1），"大明湖"的"明"字又多一点是为什么。相传趵突泉是由于其泉水之猛烈而把"突"字上的一点冲到了大明湖的"明"字上（图8-2-2）。而大明湖为何如今只见荷叶而不见蛙呢？相传当年乾隆皇帝游览至此，湖中之蛙均想一睹龙颜，奔走相告，脱水而出，蛙声吵得乾隆无心观景，盛怒之下降旨"蛇不行，蛙不鸣"，自此大明湖真的不再有蛙声了。但是真正无蛙鸣的原因为湖水的温度不适合青蛙生存。

图 8-2-1　趵突泉 ◀

▶ 图 8-2-2 大明湖牌坊

　　欣赏园林，要抓住园林建筑的特点，才能体会出造园者的匠心和园林的意境。例如风雨同舟亭，该亭按沙堤亭的 0.75 比例建造，分三层。底层外檐为十二根石柱，置有飞来椅，歇山顶，有飞椽出檐，八个翘角上各悬铁马。一九九一年安徽大水，得到全国支援赈灾。为了答谢全国人民的支援，安徽省政府仿徽州的沙堤亭，在陶然亭公园湖畔建造了这座风雨同舟亭，以示感谢（图 8-2-3）。

▶ 图 8-2-3 风雨同舟亭

二、五感体验

园林是以视觉为主要感知方式的综合空间艺术，是通过唤起人们的视觉、触觉、听觉、嗅觉甚至是味觉各种感官共同构架和完善的通感艺术。所谓通感就是把不同感官的感觉沟通起来，借联想引起感觉的转移。以感觉唤起感觉，可在游园过程中充分发挥五感体验，更好地感受园林之美。

（一）视觉

视觉是人类获得外界信息的一个很重要的渠道。它主要是由光刺激作用于人眼所产生，据估计，人类所获得的信息总量的 70% ~ 80% 来自视觉，可见视觉对于人类认识客观世界的重要性。园林景观设计越来越注重人与自然的和谐统一，实践性与美观性和谐共存。过去只注重实践性与功能性的园林景观设计正在逐步被淘汰，因为它们已经不能满足现今人们的精神文化需求。一些园林设计师也开始更加注重视觉元素在园林景观设计中的应用。视觉元素的良好结合即是园林景观中美的集合，是美的和谐统一。总而言之，园林景观由人为艺术加工而成，它源于自然，而又高于自然，既应满足人们的物质文化需求，也应满足人们的精神文化需求。

园林中存在各种各样的形状，线条组成了这些形状。线有直线、曲线等，不同的线条给人以不同的视觉感受。在园林景观设计中，线的应用更多地体现在道路、长廊、路灯等设计上。笔直的道路旁种植着高矮相同的树木，会给人一种整齐的美感，而一条弯曲的小路则可能给人一种闲适、自然的美感。很多时候线承担的是一种分割的作用，线可以将园林景观分割成不同的功能性区域，却又不显得过于突兀（图 8-2-4）。线本身就是景观中的一部分，在承担着这种分割功能的同时，又要注重与不同景观的衔接。因此，对于线中景观的选择也是园林景观的重要部分，如使用高墙连接两端的树木，就会使得景观失去了整体性，如果使用花卉则会显示出园林景观的自然、和谐与统一。

景观设计师在设计特定的场所时，可以根据使用人群的特征调配特殊的色彩，通过色彩把一些非视觉性感觉（如喜庆、温情、平和等）传达给人们，并使其审美活动得以实现。例如，游乐场、度假区的色彩就和墓地、疗养院的色彩有很大差别。美国生理学家海巴·比伦从精神物理验证得知："人能在自然界看到的颜色是有限的，人对任何事物不断地接受，就会产生腻的感觉，使人疲劳乏味，流行色之所以形成，表面看有其人为的因素，而内因是它符合人们生理平衡的需求。"因此园林应满足人们对色彩变化、对比色的需求，以使人达到某种生理或心理上的平衡（图 8-2-5）。

（二）听觉

声景研究约起步于 20 世纪 70 年代，其他非视觉景观的研究起步都比较晚，大多集中在 20 世纪 90 年代以后。但是国外对于非视觉景观的研究也基本停留在声景的研究上，

▶ 图 8-2-4 园林中的曲线分割

▶ 图 8-2-5 园林中的色

其他方面的研究都很浅显。国内对于非视觉景观的研究就更加少了。

听觉景观设计分为自然声和人工声两类。中国的园林中以自然声取境的方式非常多，如以风声取境、以雨声取境、以水声取境、以鸟鸣取境等。人工声的设计利用的是现代科技，如音响设备。正设计、负设计和零设计是听觉景观设计常用的方法。正设计，即加入新的声音要素烘托氛围，例如在竹林中加入鸟的叫声；负设计，即去除景观中与环境不协调和不必要的声音要素，常用于道路景观设计中，用来降低噪声；零设计，即保存听觉景观环境原状，不做任何更改。例如，日本"shiru-ku Road"小公园中设置的用来收集自然声音的装置，吸引了很多儿童。

现代园林中不仅有大自然的声音和音乐音响能丰富人的听觉感受，还有一些依靠物理原理本身能发出声响的园林小品，最典型的例子就是北京天坛的回音壁。回音壁有回音的效果，如果一个人站在东配殿的墙下面朝北墙轻声说话，而另一个人站在西配殿的墙下面朝北墙轻声说话，两个人把耳朵靠近墙，即可清楚地听见远在另一端的对方的声音，而且说话的声音回音悠长。回音壁（图8-2-6）有回音效果的原因是皇穹宇围墙的建造暗合了声学的传音原理。围墙由磨砖对缝砌成，光滑平整，弧度过渡柔和，有利于声波的规则反射。加之围墙上端覆盖着琉璃瓦使声波不至于散漫地消失，更造成了回音壁的回音效果。

在西安大唐芙蓉园里也设置了几处与回音壁类似的建筑小品，如"回音石"景观，

图8-2-6　天坛回音壁　◀

也利用了声波传送原理，人在恰当的距离可以听到回音。在大唐芙蓉园的"杏园"入口处有一个"五子登科台"，利用共振原理，人站在相应的位置上击掌会与小品发生共振现象，从而发出类似鸡鸣的声音，非常有趣。还有在"旗亭"旁边的乐器雕塑中有几面鼓，人站在上面跳是可以奏出鼓声的，大大提高了园林的互动性。

（三）触觉

关于自然的触觉，我们可以从平面设计师原研哉的"五官的觉醒 HAPTIC"设计展一窥究竟。"HAPTIC"意"触觉的"。一个人就是一套能够认知世界的感觉系统，拥有眼睛、耳朵、鼻子、皮肤以及其他可称之为"感觉接收器"的东西，但这些人类的感官是对世界大胆开放的，它们不是"接收器"，而是积极、主动的器官，能从大脑中萌发出无限多的、无形的感觉触摸、探索着世界。而景观设计作为人类对于自然最基本的诉求表达，无论是中国"宛若天开"式的经验主义处理，还是西方人本主义的自然式处理，触觉的体验都是不可或缺的。人类需要感受自然，触摸自然。

天津万科水晶城的景观设计可以算是无界限设计的典范。水晶城位于天津市河西区，基地原是建于 1968 年的大型国有企业天津玻璃厂。由于老厂搬迁，基地上留下了许多遗迹：厂房、卷扬机、消防栓、烟囱以及 400 多棵 10 ~ 30 年树龄的大树。以此为基础，整体设计以"保留、对比、叠加"为方针，并没有刻意追求大面积的水面、绿地等形式化的构图景观，而是"化整为零"，着力塑造小尺度的公共空间。水晶城的景观设计在基础路网的结构上，塑造不同触觉的植物景观，弱化不同介质之间的界限，客体在创造独特路径的时候也能同时感受散落的景观触觉。

（四）嗅觉

1982 年 Porteous 提出，环境学家呼吁对于非视觉感官的环境进行更加彻底的调查，真正地将嗅觉研究引入景观设计领域。1982 年 Engen 提出，心理学研究表明嗅觉能够诱导和激发情感和动力，而视觉感受更加倾向于一个人的思想认识。1985 年 J.Douglas Porteous 基于 Porteous 的研究发表了一篇名为 *Smellscape* 的文章，他系统地分析了嗅觉对于人体、环境、时间的作用，并且首次对嗅觉景观的概念进行了辨析，他认为其类似于视觉景观，嗅觉景观有空间的有序性或地方的关联性，嗅觉景观的感受是不连续的，由景观空间和时间的一个个片段组合而成，其受到我们的鼻子与嗅源距离的影响，并且嗅觉是会缓慢消失的。嗅觉景观感受不能够从其他感官中分离出来而被单独考虑，在设计嗅觉景观的过程中应该充分地考虑嗅源、气流、方向和距离。

可运用嗅觉植物营造嗅觉绿道。根据嗅觉植物芳香部位的不同可将其分为花香型、果香型、叶香型和树香型这四类。花香型植物有蜡梅、桂花、茉莉、含笑、栀子花、龙爪槐、月季花、金银花、紫花泡桐、玉簪等，果香型植物有金橘、橘树、无花果、柚树等，叶香型植物有菖蒲、香茅等，树香型植物有香樟等（图 8-2-7）。

图 8-2-7 明孝陵蜡梅 ◀

（五）味觉

味觉设计主要需要我们处理好味觉与环境的关系。空间环境会对人的味觉产生影响。例如夏季人们在炙热的马路边，是难以产生食欲的，而在高级餐厅中吹着空调就餐则是一种享受的过程。味觉也会直接影响人对空间环境的感知。例如，苦的味道容易使人产生压抑和悲痛的空间感受；甜的味道则会让人对空间环境怀有喜悦、放松和甜蜜的感觉。因此，只有处理好味觉与环境的关系，才能设计出更舒适的味觉空间。

另外，味觉景观设计还可以融入景观环境的体验行为，例如一些旅游景观路线中的果园采摘、农家乐等项目（图 8-2-8），在这些景观中，人的行为和景观融为一体，人们的参与也是这些景观的一部分，形成了一种美的互动景观。

三、情感共鸣

（一）理解

对园林之景不仅要通过视觉，还要通过其他感觉去综合感受。理解是欣赏园林的基础。

（二）情感

移情于景、情景交融。欣赏景观的同时，神游于其间，才能真正体会"大江东去，浪淘尽""江山如画，一时多少豪杰"等气概。

▶ 图 8-2-8　葡萄架景观

（三）共鸣

自然景观的形象美，如泰山之雄、黄山之奇、华山之险、峨眉之秀，都是抽象的概念，需要通过联想才能感知。观赏形如卧佛、仙桃、猴子、八戒望月等造型的地貌景观时，只有与想象中的景物一致时，才能领会到天工造物的奇妙，产生情感共鸣。

第三节　园林艺术的欣赏过程

一、欣赏的时机

1. 季节

欣赏的时机与季节的多样性相联系。如黄山（图 8-3-1），四个季节都可以观赏。一般来讲，我国北方地区的山水风景最宜夏、秋观赏，越往南，山水风景的观赏季节越长，至华南地区，四季皆宜。

图 8-3-1 黄山 ◀

2. 特定景观的特定时间

赏云海、日出、夕阳、飞瀑、彩虹，以及观赏生物景观（比如藏羚羊大迁徙、非洲角马迁徙、大象迁徙、青海湖候鸟等），也必须把握住时机。如泰山日出、黄山日落、青海湖鸟岛（图 8-3-2）（5 月份）、大理蝴蝶泉的蝴蝶会（4 月份）、钱塘江（图 8-3-3）（中秋节前后）等。杭州西湖，春季最好；北京西山观红叶，金秋最佳；"冰城"哈尔滨（图 8-3-4），宜冬季观赏；松花江、太阳岛，夏季最宜；内蒙古"那达慕大会"，每年一次，每次一至数日，多在夏秋季牧草繁盛、牛羊肥壮时举行。

图 8-3-2 青海湖鸟岛 ◀

▶ 图 8-3-3 钱塘江夜景

▶ 图 8-3-4 哈尔滨冰雪大世界

3. 无规律的特定景象

更有许多景象只在特定的时间出现,如"佛光"、海市蜃楼这些景象的出现都是有条件的,时间、地点、季节都很重要。否则景象全非,又怎能理解文人墨客诗句中蕴含的意境?如观赏"佛光"的机会是有限的,因为其只有在夕阳斜照、云雾飘飞的山谷之中才会出现,时间、地点、天气条件有一条不具备都不行(如峨眉山"佛光"、庐山"佛光"等)。

二、欣赏的角度

苏东坡在《题西林壁》中写道:"横看成岭侧成峰,远近高低各不同。不识庐山真面目,只缘身在此山中。"从诗句中可以看出身处在不同的位置,所观赏到的景观是不同的。东坡居士虽未能观得庐山全貌,却也辩证地领悟到了山之成岭成峰的真谛,告诉我们应从远近、高低、各个侧面等不同的角度去观赏。观赏角度有正面观赏、侧面观赏、平视、仰视、俯视等。

特定造型的景观,只有在特定的观赏点,充分发挥想象才能体会到其特定形象之美。如黄山"仙人晒靴"和"石猴观海"、桂林象鼻山、巫山神女峰等。不同景观应采用不同的观赏角度,如"飞流直下三千尺,疑是银河落九天"的瀑布景观,需在适当的距离仰观(图8-3-5),才能兼收形、色、声、动等美感,而水边景色宜近距离俯看。

图 8-3-5 九寨沟瀑布

三、审美能力的培养

许多景观拥有悠久的历史和深厚的文化底蕴，其文化内涵构成了内在美的核心。在欣赏这些景观时，我们要了解其来龙去脉，对其进行深入分析，运用文化素养和以往经验去细心品味，才能领略其中的真意。如范仲淹的《岳阳楼记》描绘了洞庭湖的气势及"迁客骚人"登楼时不同的"览物之情"，并由此过渡到作者"先天下之忧而忧，后天下之乐而乐"的政治抱负和生活态度。杜甫的《登岳阳楼》则描绘了洞庭湖的广阔，表现了诗人孤寂凄凉的身世，反映了他对亲人的怀念，对国事的忧思。在欣赏这些旅游景观时，我们要了解其来龙去脉，对其进行深入分析，运用文化素养和以往经验去细心品味其文化内涵。

四、寄情于景

寄情于景是更高一阶的游赏境界。环秀山庄的叠石是举世公认的好手笔，它把自然山川之美概括、提炼后浓缩到有限的范围之内，创造了峰峦、峭壁、山涧、峡谷、危径、山洞、幽溪等一系列精彩的艺术境界，通过"寓意于景"，使人产生"触景生情"的联想。这样的意境空间是无限的。这种传神的"写意"手法的运用，正是中国园林布局上高明的地方（图8-3-6）。

▶ 图8-3-6 园林中的假山叠石

第四节　实例分析

一、宿迁古黄河水景公园

古黄河水景公园是宿迁市区水系沟通工程中的节点工程、先导工程和示范工程，也是集园林、市政、道桥于一体的综合性工程。公园位于发展大道、迎宾大道、滨河路和骆马湖路的围合区，占地面积约95公顷，全长约1.5公里，南北跨度约550米，累计投入达1.8亿元。公园以"保护水资源、改善水环境、彰显水特色、挖掘水文化"为总体目标，通过对古黄河沿线进行改造、完善和提升，以古黄河风光带为景观特色，充分展示水文化、黄河文化，把古黄河打造成为流动的河、繁荣的河、清澈的河（图8-4-1、图8-4-2）。2012年成功创建为国家AAA级旅游景区，2015年成功创建成为省级生态旅游示范区，公园地震应急避难场所荣获2016年中国人居环境范例奖。

古黄河水景公园，结合原有古建"凝翠阁"，进行河道疏浚、水环境治理，筑桥通路，种植绿化，打造生态优美的景观风光带。整体建设力求体现自然水域景观，将历史人文建筑设为视觉最高观赏点。远景如烟雨缥缈，近景体现浓厚历史文化氛围，远近结合，虚实相映，反映宿迁市"回归、共生、融合"的生态环境理念。

图8-4-1　宿迁古黄河水景公园（一）（图片由宿迁市住建局提供）◀

▶ 图8-4-2 宿迁古黄河水景公园（二）（图片由宿迁市住建局提供）

夜晚灯光婆娑，浮光掠影。宽阔的水面，倒映着繁华的城市，映衬着静谧的夜景。夏季的荷叶生机盎然，娇羞的荷花含苞待放。荷花散发着历史的韵味，又在展望欣欣向荣的城市。古代与现代逸趣横生，完美融合成一张夜色风景图（图8-4-3）。

▶ 图8-4-3 宿迁古黄河水景公园（三）（图片由宿迁市住建局提供）

　　俯瞰水景公园的如意谷，"一柄如意""藏"于水景公园中。周边绿树成荫，河水蜿蜒，水面沿袭古人"一池三山"的园林建设理念，与"如意"造型相得益彰，为宿迁市带来吉祥如意（图 8-4-4）。

图 8-4-4　宿迁古黄河水景公园（四）（图片由宿迁市住建局提供）◀

　　古黄河水景公园作为一综合性公园，具有优美的自然风景，同时能满足现代人活动的需求。运动场地的外观设计，与周边环境相融。门球场顶棚采用张拉膜结构，可遮阳挡雨，形态轻盈，体现出自然的美感，与水景公园的自然景观相融合（图 8-4-5）。

图 8-4-5　宿迁古黄河水景公园（五）（图片由宿迁市住建局提供）◀

二、宿迁东关口历史文化公园

宿迁东关口历史文化公园原来是明清时期京杭运河宿关所在地。东关口曾是宿迁水路运输的主要码头和进出口货物集散地，其建筑雄伟，款式整齐，结构坚固，坐西面河，前有高大门楼上横书"紫气东来"字样，关后有小街，名为关口街。

公园以东关为核，重塑地域历史文化盛景；以水为脉，突出科学创新的生态技术理念；以居为心，拓展亲水休闲场所；构建水门雄关区、石堤市集区、杨公怀古区、东关春晓区、柳岸叠翠五大特色景观区（图8-4-6）。

▶ 图8-4-6 宿迁东关口历史文化公园航拍图（图片由宿迁市住建局提供）

三、鸣凤溆公园

鸣凤溆公园位于古黄河沿岸，市区青年路和项王路交会处。公园所在地块曾是城市建设中留下的一块长期闲置的空地，地块上散落着鱼塘、杂树，甚至有市民将此处当成生活垃圾倾倒之地，这里也逐渐成为城市脏乱差难点区域，是被遗忘的城市边角弃置地。公园占地约 2.5 万平方米，总投资约 2500 万元，2016 年 4 月建成并对外开放。

鸣凤溏公园景观布局以古黄河文脉为主线，以水为媒，动静相宜，绿化景观与服务功能兼具，整体景观从北向南逐层铺陈，依次为"浪漫花径""水塬天地""水湾栈道""城市绿芯"，重点打造混凝土城市下的城市水泡和城市绿色氧吧，同时，建成后的公园对疏导学校与商业区周边交通、缓解交通拥堵起到了一定作用（图 8-4-7）。

图 8-4-7 鸣凤溏公园航拍图（图片由宿迁市住建局提供）

鸣凤溏公园，取意为一颗凤凰衔来的水珠。整体设计创意来源于黄河"九曲十八弯"之形，设计了一条环形架空栈道，兼具了交通、休闲、观赏、生态观察等多种功能。公园整体为时尚现代的风格，与周边现代城市风貌相和谐。

四、宿迁英雄园

宿迁英雄园位于宿城区古黄河以南，迎宾大道以东，骆马湖路以北，古黄河生态体育公园以西，占地面积约 8 公顷，通过主要园路以历史线将历史英雄、革命英雄、平民英雄雕塑相串联，每个雕塑配以事迹相关的绿化造景烘托氛围，另有主题景观雕塑作为公园点景（图 8-4-8）。

英雄园共有 6 个特色主题景点，分别为：主题花海、主题景观亭、休闲草阶、雨水花园、生态旱溪、中央草坪，另有主入口广场、考斯特停车场、休憩小广场、滨水平台、现状保留广场等 5 个功能节点。主入口广场展示有红色主题雕塑，结合集散、休憩功能为一体。红色主题雕塑体现公园建设的主旨，宣扬爱国爱党精神。花坛的配置，便于主入口热烈迎宾气氛的营造（图 8-4-9）。

▶ 图 8-4-8　宿迁英雄园（一）（图片由宿迁市住建局提供）

▶ 图 8-4-9　宿迁英雄园（二）（自摄）

　　红色主题雕塑背景以常绿植物和高大乔木为主，衬托雕塑的红色与黄色。周边采用带状色块的设计，更好地体现广场的围合感。绿化结合一二年生花卉种植，一年四季展现花团锦簇的迎宾气氛（图8-4-10）。

图8-4-10　宿迁英雄园（三）（自摄）◀

　　主入口广场花坛种植以花境为主，植物品种丰富，色彩以红色、黄色为主，与主题雕塑色彩相呼应。花境设计上，根据植物的株型、叶形、株高，营造高低错落、疏密有致的景观效果。

　　英雄园共有20组人物雕塑，通过将人物雕塑与绿色植物搭配，结合主题花境，表达崇尚英雄、学习英雄、爱戴英雄的情感，让进园的人们缅怀过去，感恩现在。图8-4-11为西楚霸王项羽的人物雕塑。花境植物以黄色为主，凸显英雄气概。

　　将湿生花境与乔木结合，共同打造新型湿地雨水花园。雨季时水丰可存水，水沿旱溪形成涓涓细流汇向河道；水枯时可作为"旱溪＋湿生花园"，通过栈道将人群引入，集科普教育与生态体验为一体（图8-4-12）。

▶ 图 8-4-11 宿迁英雄园（四）（自摄）

▶ 图 8-4-12 宿迁英雄园（五）（自摄）

【本章知识结构图】

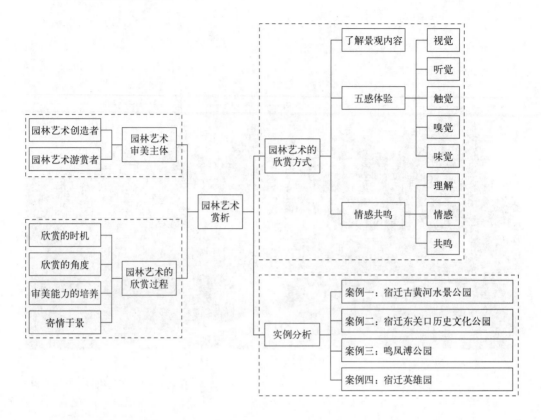

【课程思政教学案例】

1. 思政元素

园林的创造离不开团队协作，需要学会团结互助，取长补短。学习工匠精神。

2. 案例介绍

苏州的香山帮

苏州的香山位于太湖之滨，有 2500 多年的历史，这里有百余村庄，人多地少，自古出建筑工匠，因从业者技艺不凡，人称"香山匠人"。他们将建筑技术与建筑艺术巧妙结合起来，创建了中国建筑史上的重要一脉——"香山帮"。香山帮是一个以苏州市吴中区胥口镇为地理中心，以木匠领衔，集泥水匠、漆匠、堆灰匠、雕塑匠、叠山匠、彩绘匠等古典建筑工种于一体的建筑工匠群体。后来，以香山帮模式建造的房子，就叫"苏派建筑"。史书上曾有"江南木工巧匠皆出于香山"的记载。

从江南民间宅第、苏州古典园林到寺庙道观建筑、京城皇家宫殿，香山帮工匠营造了无数令人叹为观止的杰出作品。其中，苏州园林和明代帝陵已成为世界文化遗产。"香山帮传统建筑营造技艺"被誉为苏式建筑的杰出代表，它将建筑技术与建筑艺术融为一体，是中国古代汉族建筑业的重要流派。香山帮的建筑技艺，在土木工程上秉承了汉族传统建筑的营造法式，有着浓厚的地方特色，在建筑装饰上则以苏式风格的木雕、砖雕、彩画见长。

纽约大都会艺术博物馆里有一座中式园林——明轩。这座园林跟苏州有着密不可分的关系，它出自苏州香山帮之手。

古往今来所有不可多得的臻品，背后都隐藏着专注、技艺和对完美的追求，体现着匠人的"匠心巧思"。这是一种情怀，一种信念，一种态度，一种精神！中国建筑走过了千年的岁月，每个时期都形成了自己独特的风格和多样的形式，无论是宏伟大气的宫廷殿堂，还是诗情画意的自然式园林，无不体现着古今建筑师与工匠的匠心独运，香山帮传承的更是这份根植于心的匠心。

【练习题】

1. 名词解释

造景；香山帮。

2. 问答题

（1）如何培养观赏者的审美能力？

（2）园林艺术的欣赏方式有哪些？

参考文献

[1] 赵晨 . 浅谈园林艺术起源及发展运用 [J]. 现代园艺，2020, 43(16): 126-127.

[2] TIAN Lin. Application of Chinese classical garden landscaping techniques in modern indoor natural landscape design from the perspective of virtual reality technology[J]. Advances in Multimedia, 2022, 2022: 4240197.

[3] 王炳庆 . 我国园林艺术的起源及发展探讨 [J]. 现代园艺，2021, 44(8): 115-116.

[4] 管宁生 . 试论园林艺术的美学特征 [J]. 中国园林，1999, 15(3): 28-30.

[5] 罗业恺 . 分析魏晋南北朝时期古典美学与士人文化的关系研究——评《魏晋南北朝大文学史》[J]. 林产工业，2021, 58(3): 112.

[6] 车风义，孔德敏 . 园林景观设计中美学艺术元素的巧妙融合——评《园林艺术及园林设计》[J]. 中国蔬菜，2020(4): 111.

[7] 张文君，刘子建 . 文学艺术与园林艺术相辅相成——评《园林文学》[J]. 中国食用菌，2020, 39(1): 45.

[8] 郝培尧，冯沁薇，陈雪微，等 . 基于中国古典园林艺术的 "山水城市" 植被地域性特征表达 [J]. 工业建筑，2018, 48(1): 12-17.

[9] 汪洋，徐萱春 . 中国山水园林的自然观 [J]. 浙江林学院学报，2003, 20(4): 408-412.

[10] 龚珍 . 中古时期文人园林的观景模式变迁——从谢灵运、陶渊明到柳宗元 [J]. 中国园林，2020, 36(12): 141-144.

[11] 屠苏莉，范泉兴 . 园林意境的感知、时空变化与创造 [J]. 中国园林，2004, 20(2): 58-60.

[12] 吴姗姗，王诗陶 . 美学视角下中国园林的概况与艺术特征赏析——评《中国园林艺术欣赏》[J]. 世界林业研究，2022, 35(6): 130-131.

[13] 章政，钟乐，吴斌生，等 . 基于园记时空信息解析的唐代园林景观印象研究 [J]. 中国园林，2021, 37(11): 139-144.

[14] 郭劲夫 . 园林景观设计中美学元素的巧妙应用——评《园林艺术及园林设计》[J]. 植物检疫，2020, 34(2): 11.

[15] 吴学峰 . 文人画对中国古典园林设计艺术思想的影响 [J]. 浙江林学院学报，2005, 22(2): 231-234.

[16] 刘翠鹏 . 意在笔先 融情入境——管窥中国园林意境的创造 [D]. 北京：北京林业大学，2004.

[17] 刘亚伟，吴国源，冯天敏 . 山、水意义视域下《园冶》"理水" 论述组织方式刍议 [J]. 中国园林，2021, 37(9): 139-144.

[18] 孟兆祯 . 园衍：珍藏版 [M]. 北京：中国建筑工业出版社，2015: 25-26, 31.

[19] 丛昕，殷敏，丁绍刚，等 . 游客视角的中国古典园林景点热度感知评价与传播途径研究——

以苏州古典园林留园为例 [J]. 中国园林，2021, 37(8): 56-61.

[20] 李福全，杨主泉 . 透过《辋川集》分析辋川别业的造园特点 [J]. 安徽农业科学，2008, 36(36): 15870-15871, 15930.

[21] 黎鹏志，马斌 . 东、西方园林水景发展的比较 [J]. 山西农业科学，2008, 36(4): 85-87.

[22] 曹林娣 . 中国园林艺术概论 [M]. 北京：中国建筑工业出版社，2009.

[23] 金学智 . 中国园林美学 [M]. 2 版 . 北京：中国建筑工业出版社，2005.

[24] 张家骥 . 中国园林艺术小百科 [M]. 北京：中国建筑工业出版社，2010.

[25] 胡洁，孙筱祥 . 移天缩地：清代皇家园林分析 [M]. 北京：中国建筑工业出版社，2011.

[26] 周武忠 . 园林美学 [M]. 北京：中国农业出版社，2011.

[27] 褚泓阳，屈永建 . 园林艺术 [M]. 西安：西北工业大学出版社，2002.

[28] 张国强，贾建中 . 风景规划：《风景名胜区规划规范》实施手册 [M]. 北京：中国建筑工业出版社，2003.

[29] 魏民，陈战是 . 风景名胜区规划原理 [M]. 北京：中国建筑工业出版社，2008.

[30] 张国强，贾建中 . 风景园林设计资料集——风景规划 [M]. 北京：中国建筑工业出版社，2006.

[31] 陈展川，侯则红 . 现代景观设计中意境的创造探讨 [J]. 安徽农业科学，2007, 35(20): 6090-6091.

[32] SEUNG HONG A. Study on the representation characteristics of fine art in landscape design[J]. Journal of Basic Design & Art, 2017, 18(4): 161-176.

[33] 王海峰，彭重华 . 园林石景美景度评价的研究 [J]. 中南林业科技大学学报，2011, 31(12): 124-132.

[34] 刘晖 . 中国风景园林知行传统 [J]. 中国园林，2021, 37(1): 16-21.

[35] 张春彦，王玫，王其亨 . "流观"与中国传统景观空间设计研究 [J]. 中国园林，2021, 37(2): 130-133.

[36] 龚道德，张青萍 . 中国古典园林中人、自然、园林三者关系之探究 [J]. 中国园林，2010, 26(8): 56-58.

[37] 潘莹，施瑛 . 略论传统园林美学中的四种自然观 [J]. 南昌大学学报（人文社会科学版），2009, 40(6): 133-137.

[38] 王堞凡 . 师法自然 道教思想对中国传统园林的影响 [J]. 中国宗教，2022(8): 72-73.

[39] 夏春华 . 遵从自然与以人为本的园林设计研究 [J]. 安徽农业科学，2008, 36(3): 1030-1031.

[40] 王中华，姚忠元 . 中国古典园林中的拟自然化意境审美 [J]. 艺术百家，2007, 23(3): 202-203.

[41] 谷光灿 . 论中国古典园林意境 [J]. 中国园林，2014, 30(6): 17-21.

[42] 张莉莉，苏允桥 . 浅析中国古典园林意境的文化内蕴 [J]. 东岳论丛，2011, 32(8): 184-186.

[43] 樊磊，闫红伟，吕伟军 . 浅谈意境 [J]. 安徽农业科学，2007, 35(6): 1656-1657.

[44] 申迎迎 . 中国古典园林的意境美 [J]. 大舞台，2014(9): 228-229.

[45] 赵潇 . 中国古典园林及其意境研究 [J]. 安徽农业科学，2011, 39(29): 17982-17983, 17986.

[46] 刘婷婷 . 意境美学在现代园林景观中的应用 [J]. 建筑结构，2022, 52(1): 160.

[47] 王毅.中国园林文化史 [M].上海：上海人民出版社，2004.

[48] 周维权.中国古典园林史 [M].2 版，北京：清华大学出版社，1999.

[49] 陈志华.外国造园艺术 [M].郑州：河南科学技术出版社，2001.

[50] 章采烈.中国园林艺术通论 [M].上海：上海科学技术出版社，2004.

[51] 郭风平，方建斌.中外园林史 [M].北京：中国建材工业出版社，2005.

[52] 梁隐泉，王广友.园林美学 [M].北京：中国建材工业出版社，2004.

[53] 苏雪痕.英国园林风格的演变 [J].北京林业大学学报，1987, 9(1): 100-108.

[54] 陈媛，秦华.意大利台地园林解析 [J].现代农业科技，2010(6): 200-201.

[55] 王殊，佟跃.意大利传统园林源流探析 [J].现代农业科技，2009(5): 48-49.

[56] 郑德东，周武忠，哥特·格鲁宁.环境·绘画·园林——中西方文化背景下艺术差异之比较研究 [J]，艺术百家，2010(5): 157-161.

[57] 徐萱春.中国古典园林景名探析 [J].浙江林学院学报，2008, 25(2): 245-249.

[58] 余树勋.园林美与园林艺术 [M].北京：中国建筑工业出版社，2006.

[59] 过元炯.园林艺术 [M].北京：中国农业出版社，1996.

[60] 汤晓敏，王云.景观艺术学：景观要素与艺术原理 [M].上海：上海交通大学出版社，2009.

[61] 赵春仙，周涛.园林设计基础 [M].北京：中国林业出版社，2006.

[62] 田耀全，尚阳.谈借景及其在园林中的运用手法 [J].科技创新导报，2008, 5(33): 79.

[63] 封云.园景如画——古典园林的框景之妙 [J].同济大学学报（社会科学版），2001, 12(5): 1-4.

[64] 邬东璠，陈阳.展屏全是画——论中国古典园林之"景" [J].中国园林，2007, 23(11): 89-92.

[65] 古维迎，汤子雄，陈义勇，等.深圳市城市居住单元绿化水平与空间差异研究 [J].景观设计学（中英文），2021, 9(5): 60-71.

[66] 赵瑞，郭立苹.由黑川纪章"共生"思想看传统村落建筑的保护和改造 [J].现代园艺，2016(7): 118-120.

[67] 姜新月，吴志宏.社区营造对于中国乡村活化的启示——以岛根县村落活化为例 [J].城市建筑，2018(11): 63-66.

[68] 关芃，徐小东，徐宁，等.以人群健康为导向的小型公共绿地建成环境要素分析——以江苏省南京市老城区为例 [J].景观设计学，2020, 8(5): 76-92.

[69] 王晓俊.园林艺术原理 [M].北京：中国农业出版社，2011.

[70] 孙妍艳，杨凌晨，施皓.云南省大理市环洱海流域湖滨缓冲带——生态修复与湿地建设工程设计实践 [J].风景园林，2022, 29(5): 64-67.

[71] 王浩，唐晓岚，孙新旺，等.村落景观的特色与整合 [M].北京：中国林业出版社，2008.

[72] 李丹宁，刘东云，王鑫.缓解城市热岛效应的硬质景观设计方法研究综述 [J].风景园林，2022, 29(8): 71-78.

[73] 李程，廖菁菁.探索基于自然的解决方案中景观设计的角色变化——对 20 年专业实践的反思 [J].风景园林，2022(6): 33-47.

[74] 郎昱，叶剑平.国外建设用地空间拓展理念探讨与启示——以德国、美国和日本的一些城市

为例 [J]. 资源导刊，2018(2): 52-53.

[75] 真岛俊光，川上光彦，埒正浩、片岸将広. 市町村合併による都市計画区域の再編と隣接都市間の土地利用規制の広域調整に関する考察——石川県白山市・能美市・小松市を事例として -[J]. 都市計画論文集，2011, 46(3): 301-306.

[76] 侯泓旭，杨牧梦，孙虎. 小尺度社区景观更新——广州市白云区望南村公园改造 [J]. 风景园林，2022, 29(6): 53-55.

[77] 芦原义信. 外部空间设计 [M]. 尹培桐，译. 南京：江苏凤凰文艺出版社，2017.

[78] 常钟隽. 芦原义信的外部空间理论 [J]. 世界建筑，1995(3): 72-75.

[79] 黄文捷. 园林空间小议 [J]. 中国园林，1998, 14(3): 28-29.

[80] 南楠，郭莉，郭庭鸿，等. 关注体验：园林空间设计中的情感永续 [J]. 中国园林，2018, 34(10): 134-139.

[81] 张鸽，田大方. 留园的空间布局与造景手法分析 [J]. 山西建筑，2018, 44(4): 192-194.

[82] 盛迪平. 留园研究 [D]. 杭州：浙江大学，2009.

[83] 彭一刚. 建筑空间组合论 [M]. 3 版. 北京：中国建筑工业出版社，2008.

[84] 沈君承，方晓风. "机器"的炼成——勒·柯布西耶早期的七个住宅设计 [J]. 装饰，2021(12): 94-99.

[85] 吴苓. 城市园林植物配置设计中意境营造策略探讨 [J]. 新农业，2022(24): 56-57.

[86] 増田敬祐. 環境倫理学における共生概念と〈持続可能な責任〉の検討 [J]. 立教女学院短期大学紀要，2015, 47(2): 15-29.

[87] 崔怡雯. 传统文化理念视域下的园林植物景观设计策略 [J]. 鞋类工艺与设计，2023, 3(9): 133-135.

[88] 付林霏，祁哲玮. 古典园林与现代园林植物配置分析研究 [J]. 文化产业，2023(11): 127-129.

[89] 李铮生，金云峰. 城市园林绿地规划设计原理 [M]. 北京：中国建筑工业出版社，2020: 114-121.

[90] 程梓易，孙春红. 园林植物景观意象的构建途径 [J]. 现代园艺，2023, 46(11): 152-154.

[91] 王向荣. 回归土地，一场中国艺术美学的复兴 [J]. 中国园林，2022, 38(1): 2-3.

[92] 潘剑彬，朱战强，付喜娥，等. 美国风景园林规划设计典型范例研究——奥姆斯特德及其比特摩尔庄园作品 [J]. 中国园林，2019, 35(8): 98-103.

[93] 李根利. 西苑与明代政治（下）[J]. 文史知识，2020(3): 89-96.

[94] 刘晓达. 汉武帝时代的上林苑与"天下"观——以昆明池、建章宫太液池的开凿为论述中心 [J]. 美术学报，2017(3): 5-10.

[95] 王歆. 庭由谁作——从《作庭记》与中国文献的对比，看中日古典园林的建设与理论研究 [J]. 建筑师，2016(1): 115-118.

[96] 王绍增，林广思，刘志升. 孤寂耕耘 默默奉献——孙筱祥教授对"风景园林与大地规划设计学科"的巨大贡献及其深远影响 [J]. 中国园林，2007, 23(12): 27-40.

[97] 王堃. 天坛回音建筑演进轨迹及其文化意蕴 [D]. 哈尔滨：黑龙江大学，2008.

[98] 叶茂乐 . 五感在景观设计中的运用 [D]. 天津：天津大学，2009.

[99] 袁晓梅，吴硕贤 . 中国古典园林的声景观营造 [J]. 建筑学报，2007(2): 70-72.

[100] 石宏超，周俭 . 环秀山庄与戈裕良再认识——叠山匠师方惠眼中的环秀山庄假山技法 [J]. 园林，
　　　2022, 39(2): 27-33.